Mystères et Secrets de la Gemmologie ...

Enfin révélés

Marie-Sophie de Maissin

Droits d'auteur – 2013 - Marie-Sophie de Maissin

Tous droits réservés

2ème édition

© Gemm'à Vie – Bordeaux - 25 octobre 2015

A mon père, Olivier de Maissin

Prologue

Voici le récit d'une expédition dans des mines de saphir en Thaïlande et au Cambodge :

"Le voyage fut génial..... ! ! ! ! ! ! !

Départ pour notre première mine, dans une sorte de mini-camionnette pick-up ouverte à tous les vents, cette première mine, est hélas, temporairement en inactivité car le mineur n'a pas de rivière sur son terrain ni de plans d'eau. Aussi, il ne peut miner que pendant la saison des pluies, l'eau étant indispensable pour séparer les pierres de la boue. Nous lui avons demandé si nous pouvions prendre des photos de sa mine, même inactive, puis il nous a montré sa production de l'an dernier. Magnifique ; des saphirs noirs astériés[1]. L'astérisme se voit déjà dans la pierre brute. En ajoutant une goutte d'eau sur la surface de la pierre, elle va faire un effet "loupe" révélant la chatoyance de la pierre.

Quand nous avons manifesté l'envie potentielle d'acheter quelque chose, il est allé chercher son associé. En effet, l'un mine, celui qui a le terrain et l'autre, l'investisseur de la machine et de l'outillage, négocie les prix. Nous sommes finalement repartis chacun avec notre sachet de pierres, ravis, nous n'en avions jamais vu autant, et puis des saphirs, cela a quelque chose de magique, quand bien même ce ne sont que des "fish-tank-stones[2]".

Nous sommes allés ensuite sur différentes mines, mais ce-jour-là, personne ne travaillait, c'était, paraît-il, une journée pour les enfants, une sorte de jour férié... Les Thaïlandais ont peu de vacances au sens où nous l'entendons, aussi, ils profitent de

---

[1] Phénomène optique produisant la forme d'étoiles à quatre, six ou rarement douze branches.

[2] Des pierres d'aquarium. Les poissons du bassin dans le jardin de mon père ne méritent pas d'avoir des saphirs comme colocataires dans leur bassin.

toutes les fêtes bouddhiques (nombreuses) pour être en congé. […]

A Prum (la frontière Cambodgienne) nous retrouvons Votha, notre guide-chauffeur Cambodgien, et nous changeons de moyen de transport (un vrai mini bus, mais qui a dû être climatisé à une autre époque) qui nous emmènent à Pailin (le site de la mine majeure que nous devions voir et but ultime de notre voyage). Sur le chemin, nous nous arrêtons dans une mine, mais il est passé 17h et les mineurs ont arrêté de travailler. Nous faisons quand même le tour de la mine, Vincent, notre guide Gemmologue de Bangkok nous fait une visite guidée de la mine en nous expliquant tout le processus.

"Cette mine de Pailin est une mine alluvionnaire, c'est-à-dire que les pierres que l'on y trouve sont à flanc de montagne. La montagne est nettoyée par les mineurs grâce à un jet d'eau puissant, un genre de karcher. Grâce à ce karcher, la boue est pulvérisée, pompée et extraite du trou puis passée dans un énorme tapis roulant qui tamise cette boue. La boue mélangée à l'eau repart dans une sorte de piscine où elle est stockée avant d'être, réinsérée dans le circuit de lavage, tandis que les pierres, plus lourdes, restent dans le tamis et sont récupérées à la fin de la journée par les mineurs."

La mine étant quand même fermée en fin de journée, nous reviendrons demain voir les mineurs et la mine en activité.

A notre arrivée à Pailin, nous sommes accueillis à l'hôtel "Pailin Ruby", hôtel qui nous paraît sommaire, mais s'avère être tout à fait correct.

Le lendemain, levée à l'aube, puis départ pour la visite du temple de Pailin. Vincent ne rate aucune occasion de nous instruire sur le pays et les anecdotes liées, aussi il nous explique :

"Pailin", en cambodgien, veut dire Saphir. Le nom de Pailin vient du nom de la loutre qui se dit "Pai" et de "lin" la montagne, comme on ne trouve que des saphirs dans cette montagne, quand on cherche des saphirs, en cambodgien, on dit que l'on cherche des "pailin".

Ce temple bouddhique est fabuleux et dans un excellent état de conservation et de propreté. Lors de notre visite, nous sommes passés devant un "tableau" représentant les différentes méthodes de tortures utilisées pendant l'occupation des khmers rouge. Tout ça avait quelque chose d'irréel. Les statues, une trentaine, illustrant différentes scènes de tortures, étaient toutes faméliques, mais aux visages très marqués, très expressifs, impressionnants de vérité et de douleur. Brrr, malgré la chaleur de l'air, cela donne froid dans le dos.

Après un petit déjeuner en bas du temple (soupe de nouille et thé), nous repartons chez des négociants où Vincent avait des affaires à régler. Lors d'un précédent voyage, il a acheté un set de 3 rubis bruts, non chauffés, non traités, d'un rouge absolument sublime. Il avait pris et payé le premier, nous sommes revenus aujourd'hui afin qu'il récupère la deuxième des trois pierres. Il repassera le mois suivant pour terminer la transaction et récupérer la troisième des pierres.

Quand il a été question de négocier le prix d'autres pierres que le négociant nous présentait comme étant de sa production, sa femme est sortie de nulle part pour négocier. Le mari, un ancien khmer rouge reconverti en mineur, travaille dans la mine et sa femme s'occupe d'argent et négocie le prix des pierres. Une femme charmante, mais dure en affaire. Elle nous a montré une de ses bagues, un magnifique rubis d'au moins 7 ou 8 carats, d'un rouge magnifique et provenant des anciennes mines de rubis de la région, mines maintenant officiellement épuisées et fermées.

Les négociations traînant un peu, comme il se doit, ils nous ont offert des bouteilles d'eau et des bananes-figues, un pur délice. Rien à voir avec nos bananes européennes sans goût. Le temps filant tout le monde repart après que Vincent ait scellé, signé, contre scellé et contre signé le pli contenant la troisième des pierres qu'il achète et qu'il viendra chercher et payer le mois suivant.

Nous rejoignions Votha et notre mini-bus, direction le marché où l'on déjeune dans une sorte de cantine de rue, mais l'on y mange délicieusement et chaud puis, on se ballade entre les étals de bijoux et de pierres. Finalement, j'ai acheté des zircons à une charmante dame littéralement couverte de rubis, pendentif plus gros qu'une pièce de 2 euros, une bague presque à chaque doigt et le bracelet assorti ; rien que des rubis, plus un gros saphir de Pailin à un doigt.

Lors de cette visite dans le marché, nous sommes passés devant ce que l'on pourrait appeler la "banque" ou peut-être le "bureau de change". En effet, dans la vitrine, il y avait des liasses de devises du monde entier. Tous ces billets étaient juste isolés du monde par une simple vitre de vitrine d'exposition.

Visite d'une dernière mine, hélas plus en activité. Elle a été rendue à son état premier. Les mines du Cambodge sont exploitées par contrat, pour quelques années seulement. Le fermier, propriétaire terrien, loue son terrain, pour disons 5 ans, afin qu'il soit exploité comme une mine. Il touchera un pourcentage de tout ce qui sera trouvé sur son terrain et à la fin du contrat, la société minière exploitante est tenue de remettre le terrain en l'état, c'est-à-dire de re-remplir le trou et de le replanter avec des arbres fruitiers ou d'autres cultures. Parfois, comme cette mine, le trou de mine est juste comblé avec de l'eau, le transformant ainsi en un centre "touristique" où les cambodgiens viennent pêcher, se détendre et acheter les fruits de la plantation.

Avant le retour en Thaïlande, nous nous arrêtons dans la mine de la veille où nous avions eu une visite guidée de l'installation. Chacun a pu alors jouer au mineur pendant quelques instants. Notre guide a proposé à chacun de tenter l'expérience.

C'est du travail de force, le jet est puissant, il nécessite un minimum de force pour maintenir le tuyau dans la bonne direction avec un mouvement de va-et-vient pour s'assurer que toute la boue est dégagée et que la montagne est propre. Encore une expérience peu banale, mais que je n'aurais ratée pour rien au monde."

Ceci n'est qu'un exemple de balade, parfois, c'est plus physique, il faut descendre au fond de la mine par une échelle de fortune. D'autres fois, il faut grimper dans la montagne pendant des heures avant d'arriver sur la mine elle-même, puis pénétrer au fond des grottes pour trouver le précieux minerai.

***

INTRODUCTION

Cet ouvrage ne se veut pas un recueil scientifique, mais plutôt une compilation d'histoires autour de la gemmologie, comme un récit de voyage. De ce fait certains aspects très techniques ne sont pas abordés ou parfois simplement évoqués.

La gemmologie regroupe une petite quantité de personnes au niveau mondial. Cela reste une activité ultra confidentielle réservée à une sorte d'élite. La gemmologie est, pour moi, une passion et, comme toute passion, elle a besoin de s'exprimer au grand jour, de se raconter, de se partager, de se faire connaître avec des mots simples et compréhensibles par tous. C'est pourquoi, je voudrais démystifier la gemmologie. Mon but étant d'en faire une approche accessible à tous ou au plus grand nombre, même si certains concepts restent compliqués et compliqués à "vulgariser".

Dans cet ouvrage, je voudrais donner le gout de la gemmologie et le gout d'aller plus loin dans l'exploration des gemmes.

Cet ouvrage sera découpé en 3 grandes parties, puis les annexes, glossaire, sources et remerciements ainsi qu'une table des illustrations :

- Partie 1 : Généralités sur la gemmologie
- Partie 2 : Les phénomènes optiques, les pierres de synthèses et les traitements
- Partie 3 : La taille et le marché des pierres
- Annexes
- Glossaire et index des termes utilisés
- Sources
- Remerciements
- Table des Illustrations

Les termes sont définis en fin d'ouvrage dans le Glossaire.

Partie 1
Généralités en gemmologie

MAIS AVANT TOUT, QU'EST-CE QUE LA GEMMOLOGIE ?

J'ai entendu de tout,

1. *C'est l'étude des gémeaux*, ben voyons et l'étude des capricornes, des sagittaires, des lions ou d'autres signes, on appellerait ça comment ?

2. *Cela a quelque chose à voir avec les sciences occultes.*

3. *En fait c'est comme la gynécologie.* Pourquoi alors donner un autre nom ? Parce que les deux termes n'ont pas la même origine linguistique !

4. *C'est l'étude des jumeaux.*

5. *C'est l'étude du vin et des vignes.* Pourquoi pas, ce sont les mêmes sonorités.

6. *Cela concerne les planètes et les météorites.* On s'approche, mais pas réellement.

7. *Cela a un rapport avec la géothermie.* Là, il y a de l'idée !

8. *Cela concerne la sève de pin et la culture des pins.* Là, on s'approche vraiment, en effet, la culture de la sève de pin s'appelle le "gemmage" et a la même origine linguistique.

Bref, un peu tout et n'importe quoi et pas forcément par des gens dit "incultes". Mon préféré : *"Les pierres, mais tu étudies aussi d'autres prénoms ?!!"*

La vérité : la Gemmologie, c'est l'étude des pierres précieuses, fines ou ornementales. Le terme Gemmologie vient des mots latins : *"gemma"* qui veut dire bourgeon, (au sens figuré, pierre précieuse) et "*logos*" étude.

Le terme "*gemme*" a vu le jour au XIème siècle par la transformation du terme "*jamme*", ayant le sens de "*suc de résine*" et dont les gouttes ont été comparées à des perles. Le terme s'est développé dans l'ouest et le sud-ouest de la France. Utilisé en sylviculture puis, dans son sens figuré, est devenu au XXème siècle "*gemmologie*" telle que nous l'utilisons maintenant.

Ce que l'on appelle communément "*pierre*", fait référence à toute substance inorganique du règne minéral. Une *pierre précieuse*, synonyme de *gemme*, est une pierre qui présente un intérêt pour l'Homme. Plus de 90% des pierres précieuses ou gemmes proviennent de minéraux naturels ... sur les 4000 espèces minérales connues, seule une trentaine est couramment utilisée en bijouterie-joaillerie. Pour qu'une "pierre" soit considérée comme gemme, elle doit répondre à des critères bien précis de Beauté, Durabilité et Rareté.

Beauté

La Beauté va dépendre des caractères suivants :

- pour des gemmes transparentes :

    - si elles sont *incolores*, elle dépend du feu (ou effet "arc-en-ciel"), de l'éclat (propension à la réflexion de la lumière dans la gemme) et du degré de transparence ;
    - si elles sont *colorées*, elle dépend de la pureté de la teinte, de l'éclat et du degré de transparence.

- *pour les pierres translucides*, qu'elles soient incolores ou colorées, la teinte et l'aspect extérieur sont importants. Parmi ceux-ci, on compte des structures inhérentes ou "dessins", des formes d'inclusions particulières, mais aussi des effets lumineux tels l'opalescence, l'iridescence, la chatoyance, l'astérisme, etc.

- *pour les minéraux opaques* : la propension à bien réfléchir leur couleur et à prendre un bon poli afin de mettre en valeur des aspects particuliers.

Tous ces caractères de la beauté sont mis en évidence par la taille et le polissage.

Durabilité ou Inaltérabilité

La durabilité, ou l'inaltérabilité, dépendent de la résistance aux attaques mécaniques et chimiques auxquelles sont soumises les pierres. Parmi les polluants contenus dans l'air, on trouve des particules de quartz qui peuvent rayer ou altérer les minéraux plus tendre que le quartz. Pour être considérée comme une pierre suffisamment dure il faut qu'elle soit au moins aussi dure que ce minéral.

Rareté

Une gemme peut provenir d'une espèce minérale commune et très répandue, mais elle consiste en un spécimen dans lequel des qualités rarement réunies coexistent. Ces minéraux apparaissent souvent dans des conditions géologiques bien particulières. De plus, elles sont rares sur le marché des gemmes (conditions économiques défavorables à leur exploitation, gisements épuisés, ...).

Toutes les gemmes ne proviennent pas de substances minérales naturelles, il existe aussi des gemmes d'origine organique (végétale, animale ou marine) :

- les *perles* ou la *nacre* issues de sécrétions carbonatées de certains mollusques,
- les *coraux* qui sont des squelettes d'organismes marins,
- l'*ivoire* tiré de dents ou de corne de mammifères (éléphant, hippopotame, mammouth etc.),
- l'*écaille*, la partie ventrale de la carapace des tortues,
- l'*ambre* ou résine de conifères fossilisée,
- le *jais* qui est du charbon végétal très pur et fossilisé,
- le *corozo*, la noix d'un petit palmier péruvien, aussi appelé "ivoire végétale",
- le *copal* ou résine de conifères durcie plus récent que l'ambre,
- l'*os*,
- les *poils* du bout de la queue de l'éléphant,
- Certaines *graines*,
- ...

Il existe également des produits artificiels, fabriquées pour imiter les gemmes naturelles :

- des *verres* ou des *plastiques* : colorés ou non, synthétiques, ils sont d'origine minérale ou organique ; (N.B. on trouve aussi des verres dans la nature) ;
- des *gemmes synthétiques* : répliques fabriquées, plus ou moins exactes, des pierres précieuses naturelles ;
- des *gemmes artificielles* : sont appelées ainsi toutes gemmes fabriquées et n'existant pas à l'état naturel ;
- des *pierres composées* nommées "doublets" ou "triplets" : ce sont des matières diverses astucieusement combinées pour augmenter leur volume et obtenir l'aspect d'une pierre naturelle, ou encore pour créer un effet particulier.

Le Gemmologue doit pouvoir, par ses connaissances et avec l'aide d'appareils, identifier les gemmes véritables et dépister les imitations de celles-ci.

L'estimation de la valeur des gemmes demande, en plus de connaissances en gemmologie, une expérience commerciale nécessaire en bijouterie et dans les métiers de la taille.

Les gemmes sont utilisées en Bijouterie-Joaillerie montées sur des métaux nobles tels que le platine, l'or ou l'argent ainsi que sur d'autres supports métalliques comme le cuivre, l'étain, l'acier ou même le titane. Ces gemmes sont utilisées seules ou accompagnées de toutes autres matières naturelles ou synthétiques. Les pierres, naturelles ou synthétiques, sont aussi utilisées à très grande échelle dans bien des industries, soit en raison de leur dureté (abrasifs, pièces résistantes à l'usure), soit en raison de leurs propriétés optiques (prisme nicols, lasers, etc.), physiques et chimiques (piézoélectrique ou pyroélectrique,...).

Maintenant que l'on sait de quoi il est question exactement, on pourrait distinguer 2 sortes de Gemmologues, le Gemmologue de terrain et le Gemmologiste, celui qui comme le légiste, reste dans son laboratoire et établit des vérités et des certificats. Le terme "gemmologiste" vient d'un anglicisme, terme que l'on retrouve dans la littérature belge et canadienne. En France on utilisera le terme de "Gemmologue", indifféremment, que le Gemmologue aille sur le terrain ou reste au laboratoire.

***

Le Gemmologue de terrain, que j'appellerais le "Gemmologue" simplement, lui, c'est un genre d'Indiana Jones, un chercheur de reliques, un aventurier, un fou furieux, un doux rêveur. Le Gemmologue, par passion peut aller dans des endroits improbables. Qui, sain d'esprit, voudrait aller patauger dans la gadoue par 40° à l'ombre sans ombre et y rester toute la journée à regarder chaque petit caillou en s'extasiant ? Il faut vraiment être dingue !

Le travail du Gemmologue de terrain peut aussi être assimilé au travail du mineur, car, en effet, parfois, le Gemmologue se transforme en mineur et participe à la recherche.

Le mineur cherche les pierres, il va racler la boue et de son œil d'expert reconnaître un brut de saphir ou de rubis d'un brut de grenat ou de tourmaline. Seul l'œil de l'expert fait la différence entre un vulgaire caillou et quelque chose de précieux.

Ce n'est qu'ensuite que le Gemmologue va pouvoir intervenir et donner son avis d'expert également. Choisir du brut taillable et exploitable pour en faire ressortir la magnificence est tout un art qui s'apprend avec l'expérience, avec l'habitude. En l'occurrence, l'œil ici ne suffit pas. Il faut également une source de lumière relativement puissante. Si la pierre est transparente, lumineuse de l'intérieur, le soleil peut se transformer en sauveur et en bougeant la pierre dans la lumière, on peut voir sa transparence, sa pureté, sa couleur. Si, par contre, la pierre est trop sombre, ou trop incluse, le soleil ne suffit pas et alors, il faut une torche puissante. Là, quelque chose de fabuleux peut se produire, de l'obscurité naît la lumière. Soudain, un éclat... et la lumière passe.... Le brut a le potentiel d'une gemme exceptionnelle, pourtant au départ, le pronostic était plutôt moyen. Avec ce brut magnifique de 50 carats, on pourrait avoir une pierre de 5-6 carats exceptionnelle qui remboursera largement tous les frais engagés. Il faut savoir que lors de la taille, 50% de matière au moins est perdue. Bien sûr, tout dépend de la pureté du brut et la perte de matière peut varier grandement.

Maintenant nous avons un brut avec du potentiel, il faut l'exploiter davantage, va alors intervenir une autre personne, au moins.

> *"Cette pierre magnifique, et si on la chauffait pour éclaircir la couleur ou l'intensifier ?"*

Pratique courante, et beaucoup plus qu'on ne le croit, notamment pour les rubis et saphirs, voire même les tourmalines, les kunzites et les tanzanites. Il faut savoir que **90%** des pierres que l'on trouve sur le marché sont chauffées par l'homme.

Une belle pierre chauffée à basse température peut prendre de belles couleurs. J'ai vu des spodumènes vert clair (menthe à l'eau) changer de couleur à basse température et devenir rose, un rose clair entre l'améthyste et le saphir rose, de toute beauté. Le vert était assez moyen, un vert un peu métallique avec une pointe de gris dans la couleur.

Un autre exemple : la tourmaline paraïba qui vient des mines du Brésil, Minas Gérais, de Paraïba. Ces tourmalines sont cuprifères (le cuivre est un des éléments constituants de ces tourmalines de Paraïba et c'est également le cuivre qui leur donne cette belle couleur bleu pétrole) mais elles n'ont pas toujours cette couleur bleu pétrole ou bleu canard. On les trouve souvent d'une belle couleur violette, d'un violet intense et ... devinez, après chauffage à basse température, comme par magie, elles prennent cette belle couleur bleu-vert qui a fait leur renommée.

Certaines pierres ne supportent pas du tout le chauffage, c'est le cas de l'émeraude, elle se désintègre complètement au chauffage. Aussi, si on essaye de vous vendre une émeraude chauffée, il y a de fortes chances pour que votre vendeur ne sache absolument pas ce qu'il vend.

D'autres pierres ont des réactions négligeables à la chauffe, aussi les chauffer est une perte de temps et d'énergie.

Dans les pierres qui peuvent changer de couleur et qui sont également très souvent chauffées, il y a l'améthyste, laquelle par chauffage dès 300° peut se transformer en citrine, si elle est chauffée davantage, à 400°-450°, elle peut alors se transformer en prasiolite verte, encore plus chauffée, elle deviendra laiteuse. Toutefois, toutes les améthystes ne deviennent pas forcément citrines et toutes les citrines ne deviennent pas forcément prasiolites. Il ne faut pas faire d'amalgame.

Les pierres chauffées ont "mauvaise" presse, pourquoi ?

Si on réfléchit au processus de création des gemmes, les gemmes sont nées au fond de la terre, au sein du magma, donc à très hautes températures et à très hautes pressions. C'est par la chaleur et les fortes pressions que les atomes constituant les gemmes se sont "accrochés" les uns aux autres pour, au fil du temps se cristalliser et donner une gemme.

Le processus de chauffage par l'homme pourrait être considéré comme une participation à l'opération de finalisation des gemmes. Toutefois, le processus de chauffage naturel et de cristallisation au sein du magma s'est fait sur des millions d'années, alors que le processus de chauffage par l'homme se fait très rapidement et le temps de refroidissement est également très rapide.

Dans la partie sur <u>Les traitements</u>, nous verrons comment certaines pierres peuvent changer de couleur. Le chauffage peut améliorer la couleur, mais il donne une fragilité à la pierre. Il la transforme de manière intrinsèque et au niveau atomique quand son point de fusion est atteint.

Pourtant, on sait que 90% des pierres de couleurs sont chauffées par l'homme avant d'arriver dans le commerce.

Mais on s'égare un peu, revenons à notre brut fabuleux qu'il a fallu âprement négocier pour qu'il ne soit pas chauffé.

En Thaïlande, par exemple, nous devons donner ce brut à un premier lapidaire qui va faire l'ébruttage et le pré-formage. C'est-à-dire, qu'il va le scier, lui donner sa préforme définitive, soit l'idée de sa forme finale. Pendant ce processus, il faut surveiller et superviser le travail du lapidaire pour éviter un changement, une substitution de pierre. Là aussi, ça arrive plus souvent qu'on ne le croit, mais il ne faut pas non plus "paranoier", il y a aussi des lapidaires qui sont tout à fait honnêtes.

Il faut surveiller et superviser le travail du lapidaire-ébrutteur pour s'assurer que votre pierre fabuleuse ne se réduise pas comme une peau de chagrin. Il est important de pouvoir voir les fractures et les cassures avant qu'il ne soit trop tard. Car votre pierre parfaite, une fois la gangue qui la recouvre enlevée, peut réserver des surprises. L'achat et le choix de brut n'est pas une science exacte, il arrive que même après des années d'expérience, l'œil averti se trompe et que le brut magnifique ne s'avère être à la fin qu'un gros caillou tout inclus. Donc, rien n'est acquis, il faut surveiller son brut, mais, cela ne sert à rien de prendre le brut en photo avant de le faire tailler, ce n'est pas une preuve.

Une fois que votre brut est préformé, vous pouvez alors le laisser à un lapidaire-facetteur qui va lui donner toute sa magie, tout son éclat et son caractère exceptionnel. Tout l'art du lapidaire réside dans sa façon de tailler et de mettre en valeur ou pas certaines inclusions. Une fois la pierre taillée, facettée et polie, on la regarde à la loupe, les inclusions, s'il y en a, sont comme un micro-univers, un micro-cosmos où l'on ne peut que se noyer et se perdre pendant des heures sans se lasser, ou au moins de longues minutes. Pour décrire ces inclusions qui ne sont que des impuretés dans la pierre, la langue française a un vocabulaire très imagé, varié et abondant, où chacun peut laisser libre cours à son imagination. Certaines de ces inclusions sont parfois décrites de manière très poétique. Il y a une sorte de magie, d'immensité infiniment petite. Quelque chose qui fascine au-delà de tout. A la vue des pierres les yeux des grands et des petits s'illuminent et brillent comme des étoiles, comme s'ils touchaient un moment d'éternité, un moment de gloire.

La plus belle inclusion que j'ai vue était dans une synthèse de rubis, mais cela ne lui enlevait rien de sa beauté. On aurait dit un oiseau ailes déployées en train de prendre son envol, un oiseau aux ailes immenses. C'était fabuleux et je l'ai longuement regardée. Très prosaïquement, ce n'était que des résidus de fondant, beaucoup moins glamour.

Mais, il existe également de magnifiques inclusions dans les pierres naturelles telles que des cristaux à l'intérieur des cristaux.

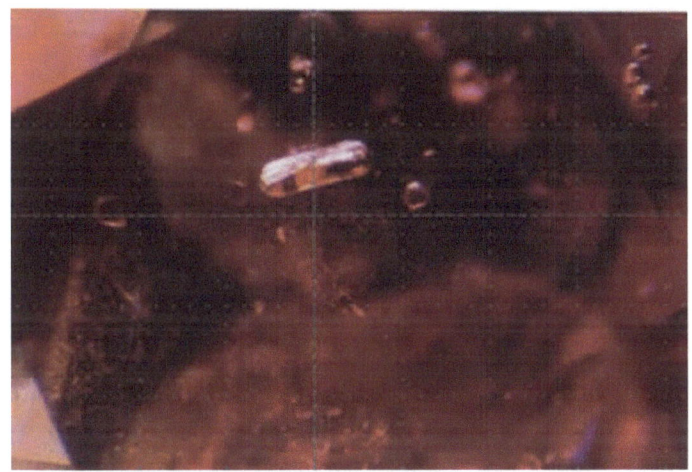

Figure 1 - Inclusions de cristaux d'apatites ou de calcites et d'aiguilles de rutiles dans un rubis de Moghok (grossissement 20X)

Pour décrire ces inclusions, on parle d'ailes de papillons dans le saphir ou le zircon, de nénuphars dans le péridot, de cheveux de Vénus dans le quartz, de chevrons dans les corindons, d'empreintes digitales, de voiles, de dentelles, de crocs dans la rhodochrosite, de libelles et de jardins dans l'émeraude, d'ailes de mouche, de bambous, d'aiguilles... et j'en oublie certainement beaucoup.

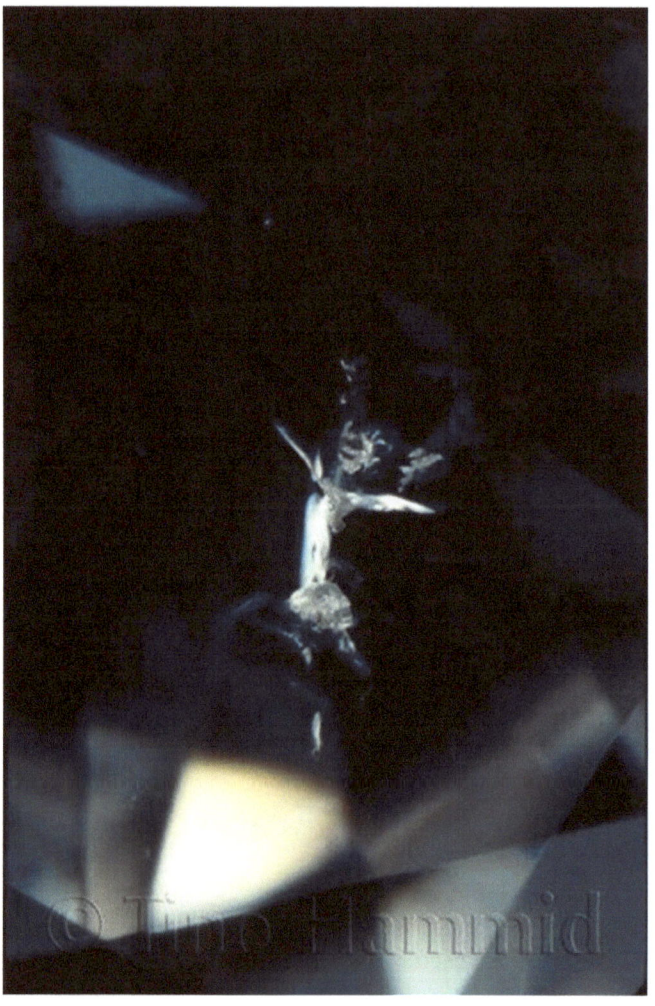

Figure 2 - Inclusion naturelle dans un diamant formant comme une danseuse ou une jeune fille sautant à la corde

Maintenant que les inclusions ont été identifiées, une réelle valeur marchande peut-être donnée à la pierre. Elle peut alors être mise en exergue et montée en bijou pour orner le cou de la plus belle des femmes où se transformer en gage d'amour éternel.

***

UN PEU D'HISTOIRE DANS L'HISTOIRE

La gemmologie, dans le sens où nous l'entendons, est pratiquée depuis l'Antiquité. Dès l'Antiquité, il a été découvert des pierres qui avaient un éclat, une beauté surpassant toutes les autres pierres.

L'homme a, depuis toute éternité, cherché la perfection, la beauté sublime. Enfin dans la nature, il a pu trouver cette perfection. Cette recherche du sublime l'a poussé à aller plus loin, au-delà des terres connues, à creuser toujours plus profondément dans les entrailles de la Terre.

On trouve dans l'Antiquité déjà l'utilisation et l'usage des pierres, tel le lapis lazuli, comme ornement de beauté chez les indiens Mayas d'Amérique du Sud qui sont les premiers producteurs de lapis lazuli de l'Antiquité, mais également chez les Pharaons d'Egypte, sur les coiffes d'apparat. Il en a été retrouvé sur le masque de Toutankhamon. Les yeux sont en quartz et en obsidienne. Leurs angles sont teintés de rouge leur donnant une expression très réaliste, et sont rehaussés d'un liséré de lapis-lazuli pour imiter le khôl (poudre minérale utilisée comme maquillage par les Égyptiens).

Avec la découverte de ces pierres magnifiques est né le commerce des pierres et les échanges ainsi que les routes commerciales.

Le lapis-lazuli que l'on trouve dans l'Egypte des Pharaons provient d'Afghanistan tout comme la turquoise, laquelle transitait par la Turquie d'où lui vient son nom.

Le lapis que porte les mayas provient lui, du Chili. Il n'y a pas que les pierres qui étaient considérées comme ornement de beauté, le corail, l'ivoire, les perles l'étaient également. La plus ancienne perle utilisée comme bijou, ornement de beauté, de richesse et de pouvoir date de 3000 ans avant notre ère. Elle a été trouvée au Japon.

Au temps des pharaons, les pierres n'étaient pas seulement utilisées comme ornements de bijoux, mais elles étaient également utilisées réduites en poudre pour en faire des pigments pour la peinture ou des fards à paupières. On leur prêtait également des vertus thérapeutiques ainsi que des propriétés de guérison et des pouvoirs aphrodisiaques. On les réduisait en poudre pour en faire des onguents ou des poisons. Il paraîtrait que Cléopâtre buvait une sorte de vin dans lequel des perles avaient été dissoutes. Ce breuvage étant censé être un antipoison. Les anciens égyptiens connaissaient déjà la chrysocolle qu'ils réduisaient en poudre et utilisaient comme collyre pour les yeux.

Peu à peu, la gemmologie au sens où nous l'entendons, a pris forme. Les découvertes scientifiques, le désir profond et viscéral de l'homme de comprendre les choses cachées, puis de les organiser, de les classifier en ont fait ce qu'elle est. Toutefois, ce n'est qu'à la fin du 18° siècle qu'elle a pris sa forme actuelle par la découverte de RJ Haüy (1743-1822) de la cristallisation. Il a ainsi classifié chaque pierre connue selon sa forme cristalline.

***

QU'EST-CE QU'UN GISEMENT ?

Un gisement, c'est l'endroit où l'on trouve une concentration importante de minerais susceptible d'intéresser l'industrie.

Les gemmes d'origine minérale les plus appréciées sont celles qui se trouvent dans la nature. Les minéraux de qualité gemme n'apparaissent pas n'importe où. Ils prennent naissance dans des conditions géologiques particulières que nous allons tenter de comprendre.

Il existe 2 sortes de gisements : les gisements primaires et les gisements secondaires. Mais tout d'abord, et avant d'être en gisements, il faut s'interroger sur la fabrication des minéraux gemmifères et donc des gemmes.

Les gemmes naissent et se forment au plus profond de la terre, dans l'immensité du magma.

Il existe 2 types d'origines des roches :

- *Les gisements de type magmatique donc volcanique ou basaltique* sont la résultante d'éruption volcanique majeure. Ces minéraux se forment dans le magma à Haute Pression et Haute Température (HPHT) et sont projetés à la surface de la terre où ils refroidissent. Ils peuvent également avoir refroidi dans le sous-sol, ils sont alors désignés comme étant d'origine plutonique. Ces gisements sont riches en fer. Ils se trouvent en gisement primaire et secondaire, soit à flancs de montagne, mais le plus souvent ils se trouvent dans des mines souterraines.

- *Les gisements de type métamorphique* sont issus des plissements de terrain lors de chocs frontaux ou de poussées des plaques tectoniques. Ces gisements se sont formés à Basse Température et à Haute Pression (BTHP). Ce sont des gisements de micaschistes, soit sur une base de roches calcaires et pauvres en fer. Ce sont des gisements primaires et secondaires que l'on trouve souvent en gisements alluvionnaires ou éluvionnaires.

Soit :

Types de gisements (magmatique/métamorphique)	
Magmatique (riche en fer)	**Métamorphique (pauvre en fer)**
Volcanique : HPHT, refroidit en surface (riche en fer)	**Mouvement tectonique des plaques** : BTHP (pauvre en fer)
Plutonique : refroidit en sous-sol (riche en fer)	**Gisements micaschistes** (base calcaire des gemmes)
Gisements primaires et secondaires	
Mines souterraines	**Eluvionnaire et alluvionnaire**
Diamant	Corindons
Péridot	Spinelle
Grenat	Jade
Zircon	Grenat
Topaze	Lapis Lazuli
Granite	Béryls
Feldspath	
Quartz	
Amazonite	
Pegmatite : tourmaline, béryls	
Corindons	

Où trouve-t-on ces gisements :

Gisements

Gisements Magmatiques (volcanique ou basaltique)	Gisements Métamorphique
Dans les massifs volcaniques	Dans les chaînes de plissement, le long des failles, à la jonction des plaques tectoniques

Au fond de la terre, à des températures élevées et à de fortes pressions, les atomes vont se chercher et s'accrocher les uns aux autres par affinité chimique. De ces rencontres, vont se créer des liens plus ou moins forts entre les atomes. Ces rencontres se font au fil de l'ascension vers la surface. Lors de cette ascension, les gemmes vont se cristalliser dans leur forme définitive (cubique, rhomboédrique, hexagonal...).

Certaines gemmes, comme la tourmaline, vont continuer de cristalliser tout au long de leur ascension et vont ainsi absorber toutes sortes de minéraux divers, tels que le chrome, le cobalt, le zinc, le fer.... La tourmaline est souvent appelée "minéral poubelle". Elle attire tous les minéraux lors de sa cristallisation, mais également après. Du fait de sa forte piézoélectricité, elle était utilisé par les fumeurs de pipe, pour curer leur pipe en attirant la cendre, d'où son nom de "aimant à cendres".

Les gemmes naissent et se forment au centre de la terre, dans le magma. Elles arrivent à la surface lors d'explosions volcaniques majeures.

Les mouvements tectoniques des plaques vont pousser les gemmes du magma vers la surface. C'est ainsi que l'on trouve les gisements primaires, au sommet des montagnes ou par excavation à l'intérieur des montagnes. L'éruption volcanique va pousser ce bouchon, formé au sommet de la montagne, et l'expulser vers la vallée puis la mer, en formant ainsi des gisements secondaires, aussi appelés alluvionnaires quand ils se trouvent dans le lit des rivières.

A l'intérieur de ces 2 types de gisements primaires et secondaires, on peut encore distinguer et affiner en 2 grands types de gisements : basaltiques ou volcaniques et métamorphiques.

Lors des mouvements tectoniques des plaques, l'ascension des gemmes se fait progressivement. Les gemmes restent plus longuement dans le magma, donc à haute température. Les gemmes ont le temps de mijoter tranquillement. Au fur et à mesure que le magma remonte, la température diminue et les minéraux, ou gemmes, refroidissent lentement.

Si l'on prend le cas du corindon de gisements métamorphiques, dans sa remontée tranquille, il va se fixer sur des roches calcaires pauvres en minéraux. Ces roches calcaires vont agir comme des filtres en ne fixant que les minéraux "légers". C'est ainsi que dans les roches métamorphiques, on ne trouve pas de fer (métal plus lourd). Or, c'est le fer qui donne sa couleur sombre au rubis et au saphir.

Les gisements volcaniques sont des gisements formés suite à une éruption volcanique majeure. Lors de cette éruption, les gemmes formées au centre de la terre, sont expulsées à très grande vitesse vers la surface. Elles n'ont pas le temps de se "purifier" ni de se fixer sur des calcaires.

Suite à cette éruption, on peut trouver les gemmes dans des gisements primaires, mais le plus souvent les gisements basaltiques sont des gisements secondaires ou alluvionnaires. Du fait de la gravité, les roches liquides descendent vers la vallée et se déposent dans les rivières ou à flancs de montagne. Les gemmes peuvent ainsi se trouver à des kilomètres du lieu de l'éruption rendant ainsi plus vaste le champ d'extraction.

Depuis la Pangée (continent unique), on comprend comment se sont formés les différents continents. La dérive des continents explique les différents chocs frontaux, la création de la chaîne himalayenne qui se trouve à la jonction de l'Asie et de l'Inde, mais cette dérive explique également que dans un même pays il puisse y avoir les 2 types de gisements (volcanique et métamorphique).

C'est le cas de Madagascar et du Vietnam notamment. Le nord du Vietnam (frontière avec la Chine) est métamorphique, alors que le sud du Vietnam (frontière avec le Laos) est volcanique. Pour Madagascar, c'est la même chose, le nord est métamorphique, tandis que le sud, est volcanique.

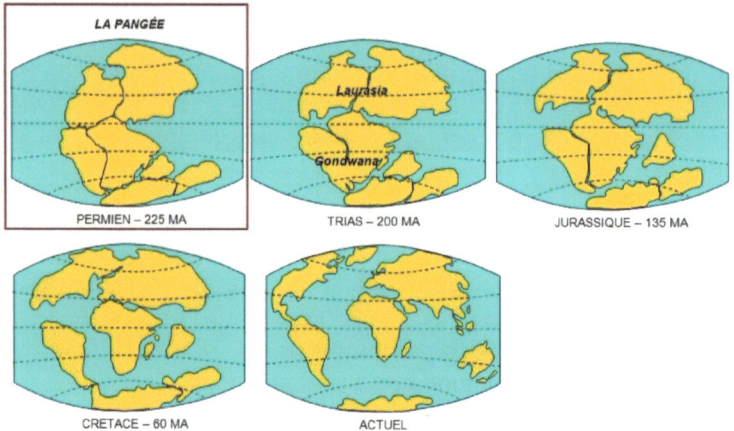

Figure 3 - Cycle évolution de la dérive des continents depuis la Pangée à notre formation actuelle

La Thaïlande, le Cambodge, le Laos jusqu'au sud-Vietnam font partie de la chaîne volcanique himalayenne. Cette bande va de l'ouest de l'Inde, et descend jusqu'au nord de la Thaïlande et au nord du Vietnam à l'est. Les plaines au nord de l'Himalaya seront métamorphiques et sédimentaires.

Cette dérive des continents explique également que l'on puisse trouver des gemmes similaires sur des sols et gisements similaires alors que des milliers de kilomètres séparent ces deux endroits. C'est le cas de Madagascar et de Ceylan. L'on trouve à Ceylan des saphirs magnifiques et très clairs et, de l'autre côté de l'eau, à Madagascar, on trouve le même type de pierre, clair et contenant le même type d'inclusion. Les sols sont identiques, ces deux pays se touchaient à l'origine.

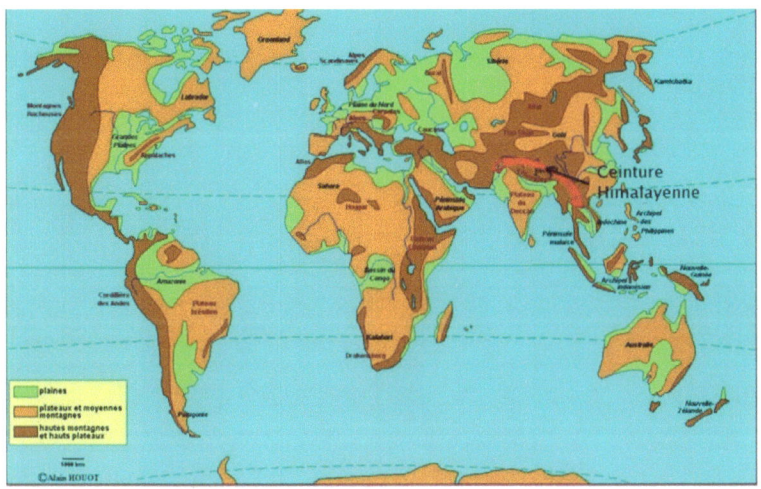

Figure 4 - carte du monde avec ceinture Himalayenne

Lors du choc frontal entre l'Asie et L'Inde, l'Inde est passée sous l'Asie créant ainsi, par plissement métamorphique, la chaîne himalayenne. L'Inde s'enfonce toujours sous l'Asie élevant ainsi la chaîne Himalayenne créant ce que l'on appelle la "ceinture himalayenne". Ce qui explique que l'on trouve des restes marins fossilisés à plus de 3000 mètres d'altitude, ainsi que des gisements métamorphiques en gisements primaires.

***

LA FORMATION DES ROCHES

La formation des roches est un processus relativement complexe, mais nous allons essayer de l'expliquer le plus clairement et le plus simplement possible.

L'extraction se fait suite à différents forages ou extraction parfois agressive (à coup de dynamite ou à la pelleteuse), mais également beaucoup plus sereinement comme à Ilakaka, à Madagascar, ou l'extraction se fait dans des gisements secondaires alluvionnaires, donc au tamis d'orpailleur, comme sur la photo ci-dessous.

Mine alluvionnaire de saphir, région d'Ilakaka (Madagascar)

Figure 5 – Lavage des alluvions à la battée et au tamis dans un cours d'eau de la région d'Ilakaka (Madagascar)

Les pierres se reconnaissent à leur couleur mise en évidence par le film de l'eau. Sans eau, ce travail serait impossible. Bien sûr, rien ne vaut ici l'expérience, la connaissance du gisement, c'est-à-dire la zone de concentration des gemmes brutes.

Nous avons vu qu'il y a 2 sortes de gisements, les gisements magmatiques, également appelés volcaniques ou basaltiques et les gisements métamorphiques.

Les premiers sont issus d'éruptions volcaniques majeures et les seconds sont dûs au choc frontal des plaques tectoniques.

Les 2 types de gisements sont d'origine magmatique, seule la façon dont ils ont accédé à la surface les différencie. Pourtant, s'il n'y avait que ça, on trouverait de tout partout, or c'est faux. La différence est plus subtile.

On distingue 3 types de roches :

- Les roches éruptives,
- Les roches sédimentaires,

- Les roches métamorphiques

Comme l'indique le schéma du cycle des roches ci-dessous :

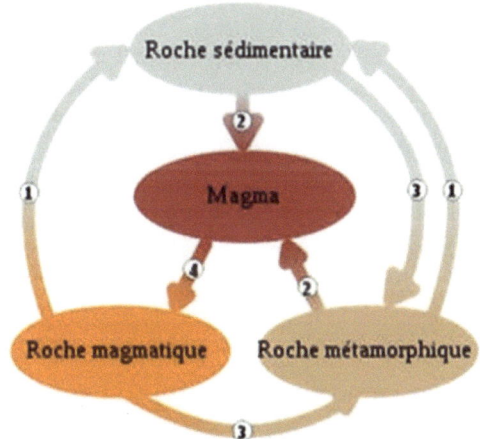

Formation des roches : 1- *Érosion, transport, diagénèse* ;
2- *Fusion* ; 3- *Pression température* ; 4- *Refroidissement lors d'éruption.*

Figure 6 - Cycle de transformation des roches

Les roches éruptives

Les roches éruptives, ou magmatiques, issues du magma donc, vont être, suite à une éruption volcanique majeure, expulsées à la surface de l'écorce terrestre. Ces roches se différencient par leur composition minéralogique et leur aspect ou texture :

- les roches profondes sont consolidées massivement et lentement dans l'épaisseur même de la croûte terrestre. Les minéraux qui les constituent sont développés en cristaux bien formés. On parle alors de *texture grenue* ("formée de grains") ;

- les roches volcaniques qui s'épanchent à la surface du sol par les volcans et se consolident rapidement au contact de l'air plus frais. Il n'y a que certains minéraux qui parviennent à bien se former et le ciment entre ces minéraux reste vitreux. On parle de *texture porphyrique*.

La composition minéralogique des roches éruptives ordinaires est peu variée et correspond à une composition chimique relativement uniforme. On distingue toutefois des roches riches en minéraux sombres ou roches basiques, de densité élevée (2.9 à 3.4), principaux constituants de la croûte océanique et de la base de la croûte continentale, et des roches comprenant une majorité de minéraux clairs ou roches acides (densité de 2.65 à 2.85), qui constituent la masse de la croûte continentale.

Exemples de roches éruptives ou volcaniques :

Roches éruptives	
Roches acides	**Roches basiques ("roches vertes")**
Granite	Basalte
Le granite est la roche la plus fréquente de la croûte continentale. De texture grenue et bien cristallisée, elle se compose de minéraux tels que le quartz, le feldspath et le mica.	Le basalte est la roche la plus habituelle de la croûte océanique. De texture porphyrique, elle est caractérisée par une masse vitreuse avec quelques minéraux en grains.

Figure 7 - Roches éruptives ou volcaniques

Les roches sédimentaires

Les roches sédimentaires sont le produit des résidus des roches terrestres qui, au terme d'un processus d'érosion, se sont déposés dans des bassins (lits de rivières, lacs ou mers…).

Ces formations sont souvent stratifiées : elles se présentent en couches. La roche qui en résulte peut contenir des minéraux de la roche dont elle est issue dans la mesure où ceux-ci ont résisté aux agents physiques et chimiques pendant leur transport. C'est le cas des roches détritiques, en particulier de sables ou de grès qui sont riches en quartz. Dans les calcaires, par contre, qui sont des roches chimiques ou biochimiques formées en milieu marin, il n'y a pas de trace de la roche d'origine, mais l'apport d'organismes marins, en particulier de coquilles, est important. Ces roches sont principalement constituées de calcite.

On peut trouver dans toutes roches sédimentaires des fossiles, ou restes pétrifiés d'organismes végétaux ou animaux. Parmi les roches sédimentaires, on compte aussi les houilles, charbons, bitumes et pétroles qui sont des roches formées principalement de carbone sédimentaire et dont la matière d'origine consistait en des débris organiques. Citons également des dépôts sédimentaires qui proviennent de l'évaporation d'eaux chargées d'ions qui permettront la cristallisation de minéraux tels que le gypse et le sel gemme.

Les roches métamorphiques

Les roches métamorphiques proviennent de roches éruptives (magmatiques) ou de roches sédimentaires qui ont subi des modifications de nature chimique (agissant sur la composition) ou de nature physique (agissant sur la structure et la texture de la roche). Ce sont des "recuits" produits sous des pressions et températures élevées dans la croûte terrestre, parfois avec un apport chimique extérieur. Ce sont des roches de plissement car elles ont été transformées lors de chocs entre les plaques tectoniques.

Exemples de roches métamorphiques

Roche métamorphiques	
Roche d'origine	**Roche métamorphique**
Calcaire	marbre : Formé de calcite avec une texture grenue
Argile	schistes : divers matériaux autes que des argiles présentant une texture schistée
Basalte	amphibolite : formée principalement d'amphiboles (famille de minéraux)
Granite	gneiss : roche de même composition minéralogique que le granite, mais de texture gneissique

Figure 8 - Roches métamorphiques

Au cours de la lente formation des montagnes, par exemple, des roches prises sous d'énormes masses peuvent subir des transformations causées par de hautes pressions et températures ; on parle de métamorphisme régional ou général. Lors de l'intrusion de magmas dans la croûte terrestre, la roche environnante subit des transformations locales dues à de fortes chaleurs et à l'apport de substances chimiques particulières. Dans ce dernier cas, on parle de métamorphisme de contact.

***

LES CARACTÉRISTIQUES CHIMIQUES

La chimie des minéraux est assez complexe à aborder. Mais,

- Aurais-je besoin de ça sur les mines ?
- Est-ce important pour faire du négoce ?
- Il y a certains points qu'il faut connaître : la gemme est-elle cristalline ou amorphe ?
- Qu'est-ce qui lui donne sa couleur rouge, vert, bleu, jaune.... ?
- Un élément chimique ?
- Lequel ?
- Est-ce toujours le même qui donne le rouge, le vert, le bleu... ?

C'est ce que nous allons essayer de voir !

La chimie, j'entends "formule chimique", des pierres n'est pas utile sur le terrain, sur les mines, chez le négociant,... de plus, sur le terrain, nous n'aurons aucun appareil permettant de faire une analyse chimique, donc... Toutefois, cela reste utile quand même à savoir, Au moins en avoir une notion. La composition chimique des gemmes va expliquer leur présence ou non sur tel ou tel type de gisements. La chimie minérale est donc un savoir du "back office", aussi nous l'aborderons succinctement.

Les gemmes, avant d'être gemme sont avant tout des roches nées de la rencontre d'atomes.

Cette rencontre d'atomes peut se faire dans des conditions particulières de l'état de la matière, soit quand ces roches sont encore à l'état gazeux ou liquide. Ce qui explique que l'on puisse trouver des inclusions gazeuses et/ou liquides dans les gemmes qui elles sont toujours solides.

Rappel sur l'atome et quelques éléments chimiques

L'atome est constitué d'un noyau formé de **protons** et de **neutrons** ainsi que **d'électrons** qui gravitent autour du noyau.

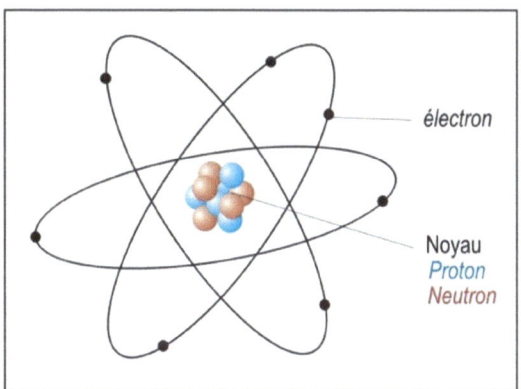

Figure 9 - Représentation de l'atome et ses composants

- Les protons sont de charge positive,
- les neutrons sont neutres.
- Les électrons, de plus petite taille que les protons ou les neutrons, sont chargés négativement.

Le nombre de protons définit la nature de l'atome. Chaque atome porte un numéro, le numéro atomique ou nombre de protons. L'atome de fer, par exemple, comprend toujours 26 protons.

Les atomes ont une aptitude soit à donner (*cation*), soit à recevoir des électrons (*anion*). Le fer, qui est toujours un cation, aura tendance à donner 2 ou 3 électrons ; on dit qu'il est de charge positive 2+ ou 3+. L'oxygène, un anion, aura tendance à attirer 2 électrons, et il est chargé négativement à 2-. Les nombres de neutrons sont aussi variables ; ils déterminent les divers isotopes d'un élément chimique.

Un élément chimique est constitué d'atomes de même nature. On connaît actuellement plus d'une centaine d'éléments chimiques, dont 90 ont été trouvés à l'état naturel, sous forme de gaz, de liquide ou de solide. Le cuivre ou l'or peuvent être trouvés à l'état pur dans la nature ; on parle alors de cuivre natif et d'or natif. Les éléments chimiques s'associent entre eux pour former des corps simples (comme l'or ou le cuivre natifs) ou des corps composés (p. ex. l'oxyde de fer, minéral hématite). C'est ainsi qu'on les trouve dans la croûte terrestre.

Le Tableau de Mendeleïev ou tableau périodique des éléments se trouvant en Annexe, répertorie les différents éléments connus dont seuls une dizaine d'éléments constituent les 99 % de la croûte terrestre ! Signalons en aparté des éléments chimiques particulièrement rares comme le **lithium** (de charge 1 +), le **béryllium** (de charge 2 +) ou le **bore** (de charge 3 +) qui entrent dans la composition chimique d'espèces minérales de qualité gemme.

La croûte terrestre est faite principalement des éléments suivants :

- Oxygène,
- Silicium
- Aluminium,
- Hydrogène,
- Sodium,
- Calcium,
- Fer,
- Magnésium,
- Potassium,
- Ainsi que d'autres éléments en faible quantité

Ces atomes vont leur donner leur forme cristalline selon leur agencement, mais également leur couleur.

La répartition des minéraux par classes chimiques

Pour donner des gemmes, les minéraux vont devoir s'assembler, s'associer en formant des molécules. A ces éléments de base, vont s'ajouter également des éléments de transition dits "colorants", ces éléments vont être soit intégrés à la formule chimique de base, soit venir en substitution d'autres éléments chimiques. Nous verrons cela plus en détail dans la partie sur La couleur des gemmes.

Exemple du corindon dont la formule chimique de base est Al_2O_3 (oxyde d'aluminium). Dans sa formule de base, le corindon est incolore, mais par substitution d'atomes d'aluminium par du chrome, du fer ou du titane, il va se colorer pour devenir rubis ou saphir. Nous reverrons plus en détail ce phénomène dans la partie sur La couleur des gemmes.

***

LA COULEUR DES GEMMES

Il existe plusieurs raisons à la coloration des gemmes. On ne va s'intéresser pour le moment qu'à une coloration chimique :

- Couleur allochromatique
- Couleur idiochromatique

Couleur allochromatique

Les éléments chimiques de coloration, ou éléments de transition, **N'ENTRENT PAS** dans la composition chimique de la gemme. Cette coloration est due à des substitutions d'éléments chimiques dans le processus de formation ou à des inclusions.

Ex. : ***Corindon*** : Oxyde d'Aluminium (rouge : Chrome, bleu : Fer et Titane) ces éléments colorants viennent en substitution de l'aluminium

La coloration allochromatique est aussi considérée comme une coloration par inclusions. C'est le cas notamment de l'aventurine. Un quartz incolore et dont la coloration lui est donné par ses inclusions telles que :

- Inclusions de fuschite pour l'aventurine verte,
- Inclusions de dumortiérite pour l'aventurine bleue,
- Inclusions d'hématite pour l'aventurine brune.

La coloration allochromatique donne la coloration à toutes les gemmes de famille polychrome tels que : le corindon, le béryl, le quartz, le spinelle, la jadéite, ...

Couleur idiochromatique

Les éléments chimiques de coloration **ENTRENT** dans la composition chimique de la gemme.

Ex. : **Rhodochrosite** : Carbonate de Manganèse (le Manganèse donne sa couleur rose à la rhodochrosite).

La coloration idiochromatique est aussi considérée comme une coloration intrinsèque. C'est le cas de toutes les gemmes d'une famille monochrome tel que le péridot, la malachite, le jade néphrite, ...

Idiochromatique V. Allochromatique

Il existe 8 éléments de transition (éléments chimique donnant la couleur aux gemmes) :

- Titane, Ti
- Vanadium, V
- Chrome, Cr
- Manganèse, Mn
- Fer, F
- Cobalt, Co
- Nickel, Ni
- Cuivre, Cu

Les gemmes, selon leur composition chimique, vont entrer dans l'une ou l'autre des catégories et être ainsi soit allochromatiques, soit idiochromatiques.

Exemple ci-dessous :

Allochromatique vs. Idiochromatique	
Allochromatique (famille polychrome)	**Idiochromatique (famille monochrome)**
Béryls	Rhodonite
Corindons	Rhodochrosite
Spinelles	Malachite
Spodumènes	Azurite
Tourmalines	Péridot
Grenat Pyrope	Grenat Almandin
Grenat Tsavorite	Grenat Uvarovite
Grenat Hessonite	Jade Néphrite
Grenat Démantoïde	Turquoise
Jade Jadéite	
Fluorites	
Quarz	

D'autres raisons de la coloration des gemmes

Il existe d'autres raisons de la coloration des gemmes, mais il faudrait rentrer plus en détail dans la chimie, or ce n'est pas notre propos, nous les mentionnerons seulement sans rentrer dans le détail :

- **Coloration liée aux défauts** : substitution (impuretés), centre colorés (défaut électronique, irradiation)

- **Coloration par transfert de charge** : homovalent (2 cations de même nature), hétérovalent (2 cations de nature différente), complexe et covalente (oxygène-cation). On parle alors de liaisons chimiques fortes de type ioniques ou covalentes.

- **Coloration par transition inter-bandes** : chauffage (nous en reparlerons dans la partie sur Les traitements).

***

NOTIONS DE CRISTALLOGRAPHIE

D'après RJ. Haüy, deux critères permettent d'identifier une espèce cristalline :

1. Composition chimique (cristallochimie)
2. Composition cristalline (cristallographie)

Si l'une ou l'autre, ou les deux variables changent, il s'agit d'une autre espèce minérale.

La cristallographie est la science des cristaux que René-Just Haüy (1743-1822) a mis en évidence à la fin du XVIIIème siècle. Il a pu expliquer l'agencement mathématique et stricte des atomes qui formait la brique élémentaire des substances cristallisées dont fait partie les gemmes et les pierres précieuses. Les formes cristallographiques sont : cube, hexagone, prisme, etc. Chacune possède des caractéristiques comme des symétries de différents ordres, des plans et des axes de symétrie.

Les atomes regroupés en molécules s'allient de manière périodique (répétitive) en formant des assemblages construits dans les 3 dimensions de l'espace. C'est le propre des figures cristallisées qui se traduisent par la présence de faces naturelles à la surface des cristaux.

Gemmes amorphes/gemmes cristallisées

Gemmes amorphes

Du grec "*morphos*" : forme. Ce sont des gemmes dont la structure cristalline n'est plus régulière. Les éléments constituants s'agencent entre eux sans ordre parfaitement mathématique.

Ex. : verres artificiels, verres naturels comme l'obsidienne, opale ; certaines matières organiques, végétales ou animales.

Les substances amorphes donnent des gemmes isotropes, du grec "*isos*" : égal et "*tropos*" : tourner.

La lumière dans un milieu isotrope n'a pas sa nature modifiée, c'est-à-dir qu'elle se répand de manière identique dans toutes les dimensions de l'espace qu'elle trouve.

La lumière traverse la gemme dans toutes les directions sans être modifiée.

Gemmes cristallisées

Le cristal est un solide dont la forme géométrique est déterminée par la disposition régulière de ses constituants (atomes) dans les 3 directions de l'espace (hauteur, largeur, profondeur).

Les cristaux ont la forme d'un prisme polyédrique ("poly" : plusieurs et "drique" : faces). Ils se caractérisent par les portions de leurs faces qui forment des arêtes. Ces arêtes délimitent des angles bien définis, et qui sont représentatifs de chaque polyèdre régulier.

Pour que cristallisent les cristaux, il faut que des conditions de formations définies à savoir des températures et des pressions idéales, auxquelles s'associent des bains nourrissant d'atomes.

Ne sont cristallisées que les gemmes ayant bénéficiées des bonnes conditions de formation. C'est au cours de la décroissance thermique que se produit généralement la cristallisation. Selon le temps possible de cette décroissance, on obtient des cristaux plus ou moins gros.

Si la plupart des gemmes sont érodées, c'est qu'elles ont subi un transport mécanique (chocs). Elles n'ont plus leur forme cristalline d'origine visible du fait de cette érosion, mais leur organisation interne atomique reste inchangée.

Chaque cristal est formé d'une maille élémentaire/conventionnelle : soit le plus petit groupement d'atomes du cristal. Ces groupements s'empilent comme des briques pour former un volume géométrique : le cristal. Communément appelé édifice cristallin. Ces cristaux répondent à des éléments de symétrie.

Les éléments de symétrie

Un peu de géométrie dans l'espace

Rappelons quelques principes de la symétrie ainsi que des définitions de termes qui nous seront utiles pour l'étude macroscopique des cristaux. En cristallographie, pour parler des éléments de symétrie, il faut distinguer le ou les :

- Centre de symétrie,
- Plan de symétrie,
- Axe de symétrie.

Le centre de symétrie : si tous les points d'un objet peuvent être répétés sur des droites concourantes à un point et à égales distances de part et d'autre de celui-ci, on dit qu'il possède un centre de symétrie.

Centre de symétrie

Figure 10 - Centre de symétrie

Le plan de symétrie (ou plan miroir) : si tous les points d'un objet peuvent être répétés sur des normales (perpendiculaires) à un plan et à égales distances de part et d'autre de celui-ci, on dit qu'il possède un plan de symétrie ou plan miroir.

Figure 11 - Symétrie en plan miroir

Les axes de symétrie (ou axes de rotation) : si au cours d'une rotation autour d'une droite, un objet prend une autre ou plusieurs autres positions identiques qui s'opèrent à angle constant, on dit qu'il possède un axe de ration d'ordre n.

axe de rotation d'ordre 2   axe de rotation d'ordre 4

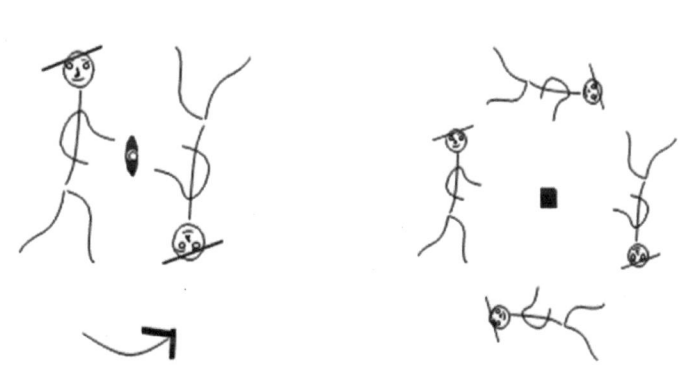

Figure 12 - Axe de symétrie de rotation d'ordre 2 et de rotation d'ordre 4

De ces éléments de symétrie on peut comprendre alors les systèmes cristallins qui sont ordonnés autour de ces éléments.

Les éléments de symétrie que l'on peut trouver dans un cristal :

- Rotation

    - Rotation par ½ tour = 180° : A2 ou axe de rotation 2
    - Rotation par 1/3 tour = 120° : A3 ou axe de rotation 3
    - Rotation par ¼ tour = 90° : A4 ou axe de rotation 4
    - Rotation pour 1/6 tour = 60° : A6 ou axe de rotation 6

- **Miroir** : mouvement abstrait. Un point donné par rapport au miroir donne une image à la même distance. Ce sont des plans de symétrie.

- **Centre** : à chaque face, une face parallèle est associée.

Parmi les axes de symétrie, on peut distinguer :

- Les **axes principaux** sont des droites joignant le centre d'une face au centre de la face opposée. Ce sont des axes de rotation d'ordre 4 ou A4.

- Les **axes ternaire**s diagonaux de symétrie sont des droites joignant 2 sommets opposés. Ce sont des axes de rotation d'ordre 3 ou A3.

- Les **axes binaires** sont des droites joignant les milieux des deux arêtes opposées. Ce sont des axes de rotation d'ordre 2 ou A2.

- Les **axes sénaires** sont des axes de symétrie verticaux passant par le milieu des bases. Ce sont des axes de rotation d'ordre 6 ou A6.

Parmi les plans de symétrie, on peut distinguer :

- Les **plans principaux** sont des plans médians parallèles aux bases.

- Les **plans diagonaux** sont des plans passant par deux arrêtes opposées et par les diagonales des deux faces opposées.

- Les **plans verticaux** sont des plans contenant l'axe sénaire et perpendiculaires aux axes binaires.

Ces éléments de symétrie sont répartis dans les systèmes cristallins conformément au tableau de l'annexe "Éléments de symétrie dans les systèmes cristallins".

***

LES 7 SYSTÈMES CRISTALLINS

Il existe plus d'un millier de gemmes aux caractéristiques différentes. Il était important de pouvoir les organiser, trouver leur point commun, les classifier. Le minéralogiste français René-Just Haüy (1743-1822), après de nombreux tâtonnements, a découvert que l'ensemble des gemmes et des minéraux connus cristallisait toujours selon 7 systèmes qui avaient donc toujours la même morphologie. C'est ainsi qu'il définit en 1788 la classification des 7 systèmes cristallins.

Ils correspondent à la manière dont les atomes s'organisent au moment de la genèse de l'espèce minérale (gemmes ou minéraux).

Le cristal pousse et grandit, privilégiant un axe de croissance particulier.

En cristallographie, on parle de 3 types d'axes :

- **Axe d'isotropie** : Nom donné à l'axe optique d'un cristal "uniaxe". Celui-ci étant parallèle à l'allongement du cristal.

- **Axe de croissance** : Axe privilégié dans lequel le cristal va grandir davantage et en priorité. Selon les systèmes, il peut y avoir 1 ou 2 axes de croissance.

- **Axe optique** : Direction d'uniréfringence dans un minéral biréfringent.

Un cristal isolé est dit monocristallin. Associé à d'autres par macles, accolements, interpénétration, il est dit polycristallin.

Suivant le format de ces cristaux, le minéral forme des masses désordonnées dites macro ou microcristallines.

Au-delà de ces corps cristallisés on trouve des masses minérales amorphes et donnant des gemmes sans forme particulière.

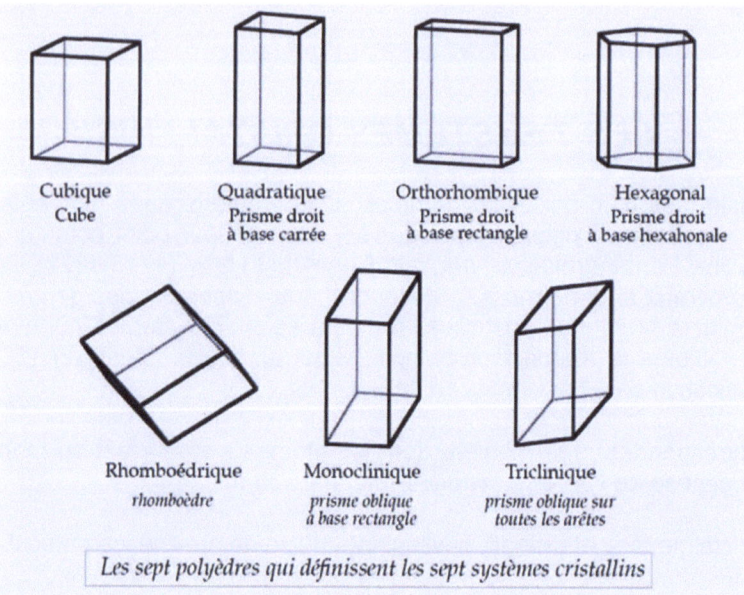

Figure 13 – Morphologie tridimensionnelle des 7 polyèdres illustrant les 7 systèmes cristallins propre à tous les corps du monde minéral

Gemmes monocristallines

Ces 7 systèmes cristallins sont répartis en 3 groupes :

Le 1er groupe regroupe les cristaux du Système cubique

La croissance est régulière dans les 3 directions de l'espace. Les gemmes du système cubique sont isotropes, et donc ne modifient pas la nature de la lumière qui les traverse.

Nous verrons plus en détail la notion d'isotropie dans une partie qui lui sera entièrement consacrée (Isotropie / Anisotropie).

Dans le système cubique on peut distinguer beaucoup de déclinaisons de formes, à savoir par exemple :

- Octaèdre : troncatures d'angles (8 faces)
- Rhombododécaèdre : 12 faces, c'est un prisme losangé à troncature d'arêtes.

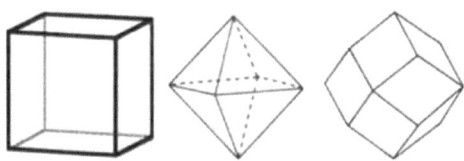

Figure 14 - Représentation tridimensionnelle de cristaux du système cubique et de ses déclinaisons

Les cristaux du système cubique de qualité gemme, pour ne citer que les plus connus, sont par exemple :

- *Spinelle*, octaèdre,
- *Fluorite*, cube, en général maclé[3],
- *Grenat*, rhombododécaèdre, minimum 12 faces, mais on peut en trouver à 24 faces,
- *Diamant*, dans 50% des cas en octaèdre, cette forme sera liée aux éléments en trace, mais on trouve le diamant dans toutes les formes du système cubique,
- *Oxyde de zirconium synthétique* …

Le 2ème groupe regroupe tous les autres systèmes cristallographiques

Les pierres du 2ème groupe sont des pierres anisotropes et uniaxes.

Ces pierres ont des directions de croissance privilégiées (profil allongé). Elles ont une section carrée ou hexagonale et bien sur des angles constants. Les extrémités des cristaux sont plates ou pyramidées.

Les pierres uniaxes ont un seul axe de croissance/axe d'isotropie/axe optique (les 3 voulant dire ici la même chose).

---

[3] Mâcle : Accolement « en miroir » de 2 cristaux de la même espèce.

Les pierres sont anisotropes lorsque les rayons de lumière les traversant ont un parcours modifié car polarisé et filtré. Le rayon originel de la pierre est divisé en 2, chaque rayon sortant ne conservant qu'une direction propre. Nous reverrons plus en détail la notion d'anisotropie dans une partie qui lui sera entièrement consacrée (Isotropie / Anisotropie).

Une pierre anisotrope modifie la lumière. Cette dernière traverse dans toutes les directions et beaucoup mois dans l'axe de croissance où elle est isotrope. C'est-à-dire que dans l'axe de croissance, le rayon lumineux est légèrement dévié, mais n'est pas modifié. Dans l'axe de croissance, il n'y a donc qu'un seul rayon lumineux.

Les gemmes du 2ème groupe sont les cristaux des systèmes :

- *Quadratique* ayant comme forme un prisme allongé à base carré tel le Zircon.

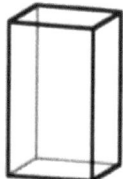

Figure 15 - Représentation tridimensionnelle d'un cristal du système quadratique

- *Hexagonal* ayant pour forme un prisme hexagonal. Dans cette structure il y a, par exemple, les gemmes de la famille des :

    - Béryl, extrémité plate et angles à 120° (6 angles),
    - Quartz, extrémité pyramidé

Figure 16 - Représentation tridimensionnelle d'un cristal du système hexagonal

- *Rhomboédrique* ou "Trigonal" pour les anglo-saxons[4]. C'est un prisme losange à 6 faces dont les angles sont constants (60° et 120°). La croissance est privilégiée dans l'allongement. Dans cette famille, il y a, notamment, les gemmes de la famille des :
    - corindons (rubis et saphirs) les tourmalines... Les rubis ont une cristallisation tabulaire (un peu en forme de "tonneau", plus trapus que les saphirs).

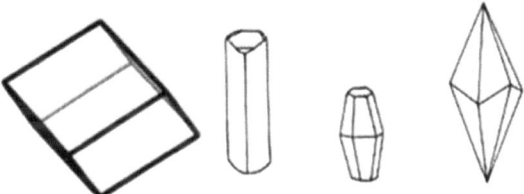

Figure 17 – Représentations tridimensionnelles de cristaux du système rhomboédrique et des différentes formes qu'ils peuvent prendre

Le 3ème groupe

Les cristaux du 3ème groupe donnent des gemmes anisotropes biaxes.

Leur croissance est différente dans les trois directions de l'espace. Leurs propriétés optiques sont également différentes dans les trois directions de l'espace.

Les pierres de ces systèmes ont 2 directions de croissance privilégiées, soit 2 axes de croissance ou 2 axes dans lequel le cristal va grandir davantage et en priorité.

Les gemmes biaxes sont anisotropes dans toutes les directions, mais isotropes dans l'axe de croissance/axe d'isotropie.

---

[4] Pour les anglo-saxons les systèmes rhomboédrique (ou trigonal) et hexagonal ne sont en fait qu'un seul et même système. Le système rhomboédrique étant une sous-classification ou un sous-système du système hexagonal.

Les cristaux de ce 3ème groupe regroupent les gemmes des systèmes :

- *Orthorhombique* sous la forme d'un prisme à base rectangle/losange, la croissance est inégale en hauteur et largeur. Le cristal a la forme d'une boîte d'allumettes. Les pierres de ce système sont, notamment les :

    - topaze, péridot, chrysobéryl ...

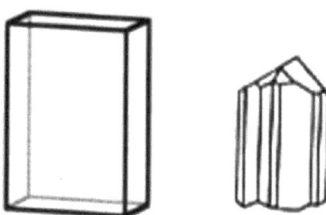

Figure 18 – Représentations tridimensionnelles de cristaux du système orthorhombique

- *Monoclinique* sous la forme d'un parallélogramme à faces losangées ou rectangulaires. Les pierres de ce système sont notamment les :

    Malachite, diopside, pyroxène

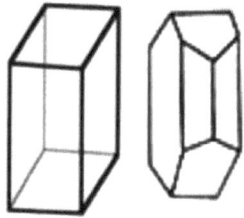

Figure 19 – Représentations tridimensionnelles de cristaux du système monoclinique

- *Triclinique* à face polygonale sans angle droit. Les pierres de ce système sont notamment les :

    - Feldspaths, turquoise ...

Figure 20 - Représentation tridimensionnelle de cristal du système triclinique

Gemmes microcristallisées

Ce sont des gemmes qui forment un agglomérat de microcristaux disposés sans ordre. Elles sont anisotropes. Ce sont les gemmes de la famille des agates telles que les calcédoines (cornaline, sardoine, chrysoprase...) ou de la famille des jaspes et des silex.

Gemmes amorphes

Nous avons vus que toutes les gemmes cristallisent dans un système cristallin propre à chaque gemme. Toutefois, il existe toute une catégorie de gemmes qui n'a pas de structure cristalline bien définie, ce sont les gemmes amorphes[5].

Sous cette appellation, nous aurons toutes les matières organiques (animales, végétales ou marines) tels que :

- Perle, nacre,
- Corail,
- Ambre,
- Jais,
- Corne,
- Ivoire,
- Os,
- Bois,
- Graines, ...
- Matières fossilisées.

---

[5] Du grec "*amorphos*" qui veut dire sans forme.

On trouve également les verres naturels de type obsidienne ou moldavite, ainsi que les verres artificiels.

Dans ces 7 systèmes cristallins nous avons distingué 2 sous-classification que nous allons voir plus en détail :

- Les gemmes isotropes,
- Les gemmes anisotropes

Auxquelles s'ajoutent les gemmes amorphes, soit :

Isotropie vs. Anisotropie

Isotropie/Anisotropie	Systèmes cristallins
Isotrope	Gemmes amorphes
	Cubique
Anisotrope	Quadratique
	Hexagonal
	Rhomboédrique
	Orthorhombique
	Monoclinique
	Triclinique

Figure 21 - Isotropie/anisotropie dans les systèmes cristallins et gemmes amorphes

***

ISOTROPIE / ANISOTROPIE

L'isotropie et l'anisotropie permettent de différencier des gemmes d'indices proches.

L'isotropie

La lumière traverse la gemme de manière régulière dans toutes les dimensions de l'espace. On identifie les gemmes isotropes avec par exemple :

- Un polariscope, on trouve des effets optiques :
    - La pierre présente des anomalies (croix, ombres mouvantes, hyperboles,...), ou,
    - La pierre ne rétablit pas (la pierre reste sombre ou éteinte tout le temps, la lumière ne traverse pas la pierre)[6],
- Un réfractomètre, on ne distingue qu'un seul indice de réfraction (mono-réfringent).

Les pierres mono-réfringentes sont les gemmes du système cubique (diamant, grenat, spinelle, fluorite, oxyde de zirconium synthétique, pyrite ...).

Y sont assimilées les gemmes amorphes (matières organiques, verre naturel et verre synthétique).

---

[6] Une pierre peut être transparente et incolore et ne pas rétablir la lumière au polariscope.

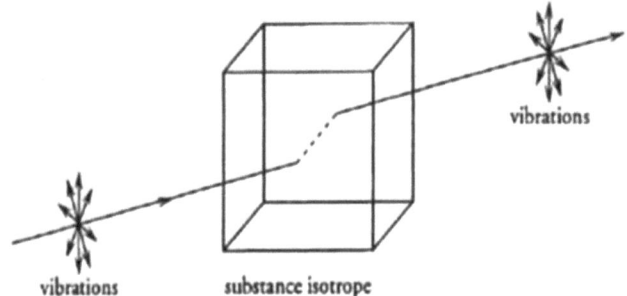

Dans un corps isotrope la lumière est réfractée (déviée) mais non polarisée. Elle continue à vibrer dans toutes les directions perpendiculaires à la direction de propagation. L'exemple ci-dessus est celui d'un cristal cubique.

Figure 22 - Matérialisation de la monoréfringence d'un milieu isotrope

C'est le phénomène de la cuillère dans le verre d'eau.

L'anisotropie

La lumière rentre dans la pierre et ressort déviée et séparée en 2 rayons. Pour distinguer les pierres anisotropes :

- à la loupe, on remarque un doublage des arêtes ;
- au polariscope, un rétablissement tous les ¼ tour ou rétablissement constant ;
- au réfractomètre, on remarque 2 indices, on peut alors calculer la biréfringence.

Les pierres biréfringentes concernent toutes les gemmes hormis celles du système cubique, soit les gemmes des systèmes quadratique, rhomboédrique, hexagonal, orthorhombique, triclinique et monoclinique.

Les gemmes microcristallisées rétablissent constamment quelque soit leur cristallisation.

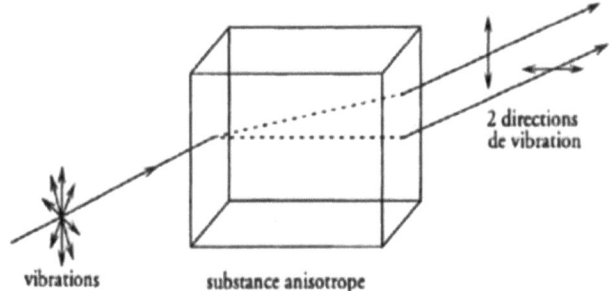

Le rayon de lumière pénétrant une substance anisotrope sera divisé en deux rayons réfractés et polarisés à 90° l'un de l'autre. L'exemple montré ici est celui d'un cristal orthorhombique.

Figure 23 - Matérialisation de la biréfringence dans un milieu anisotrope

Voir tableau en annexe Réactions Isotropie / Anisotropie.

Parmi les gemmes anisotropes, on distingue les gemmes uniaxes et les gemmes biaxes.

Gemmes Uniaxes

Les gemmes uniaxes sont des gemmes ayant un seul axe optique. La direction de cet axe est celle de l'axe de symétrie principal. Ce sont les gemmes des systèmes quadratique, hexagonal et rhomboédrique.

Gemmes Biaxes

Les gemmes biaxes sont des gemmes ayant 2 axes de croissance ou axes optiques privilégiés. Ce sont les gemmes des systèmes orthorhombique, monoclinique et triclinique.

Soit :

Systèmes cristallins		
Isotropie/anisotropie	Caractère optique	Système cristallin
Isotrope		Gemmes amorphes
Isotrope		Cubique
Anisotrope	Uniaxe	Quadratique
Anisotrope	Uniaxe	Hexagonal
Anisotrope	Uniaxe	Rhomboédrique
Anisotrope	Biaxe	Orthorhombique
Anisotrope	Biaxe	Monoclinique
Anisotrope	Biaxe	Triclinique

Figure 24 - Les systèmes cristallins : caractères optiques et isotropie/anisotropie

***

LA BIRÉFRINGENCE

La biréfringence est la propriété physique d'un matériau dans lequel la lumière se propage en provoquant un dédoublement (double réfraction) apparent des rayons lumineux. La biréfringence ne se verra que dans les gemmes anisotropes.

Le calcul de la biréfringence permet l'identification de 2 types de gemmes aux indices proches (*ex. : topaze (1,609-1,643) et tourmaline (1,614-1,666)*)

Comme les 2 rayons lumineux sortants ont une vitesse de propagation différente, les 2 indices sont donc différents et varient en fonction du sens d'observation (direction de polarisation). Sur le réfractomètre on verra une ombre légère entre les 2 indices affichant la double réfraction.

Les milieux biréfringents comme les gemmes comportent 2 axes optiques (biréfringence linéaire) :

- Rayon ordinaire (r_o)
- Rayon extraordinaire (r_e)

Gemmes uniaxes

Les milieux uniaxes concernent les gemmes des systèmes :

- Quadratique, (ex.: Zircon)
- Hexagonal, (ex.: Béryl et Quartz)
- Rhomboédrique (ex.: Corindon, Tourmaline)

Elles sont anisotropes sauf dans leur axe de croissance. Elles sont uniaxes et possèdent un axe de croissance privilégié.

Dans l'axe optique, ou axe de croissance, elles sont isotropes soit avec un indice "n_o" (ou indice ordinaire) fixe.

Dans les autres directions, elles sont anisotropes avec un deuxième indice "n_e" (ou indice extraordinaire) qui bouge ou peut être fixe.

Les indices varient au fur et à mesure que l'on s'écarte de l'axe optique pour atteindre son écart maximal perpendiculairement à cet axe.

Ex : Tourmaline

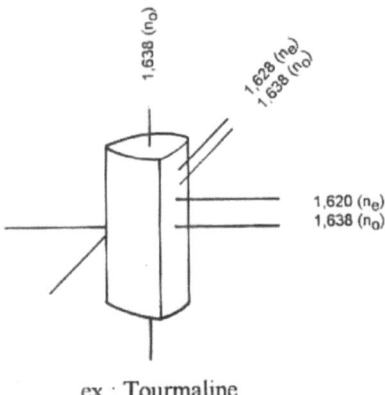

ex : Tourmaline

Figure 25 - La biréfringence pour une pierre anisotrope uniaxe telle que la Tourmaline

- no = 1,638
- n_e max = 1,620
- biréfringence : 0,018 = $n_o - n_e$

L'écart maximal sera perpendiculaire à l'axe de croissance.

Gemmes biaxes

Nous avons vu précédemment que les gemmes biaxes sont des gemmes des systèmes :

- Orthorhombique, (Topaze, Chrysobéryl, Péridot...)
- Monoclinique, (Malachite...)
- Triclinique, (Turquoise...)

Elles sont anisotropes sauf dans leurs axes de croissance. Elles sont biaxes et possèdent deux axes de croissance privilégiés.

Il y a donc 2 indices différents dans toutes les directions, variant continuellement et passant par :

- Petit indice (n_p),
- Indice moyen (n_m),
- Grand indice (n_g)

Ex. : la Topaze

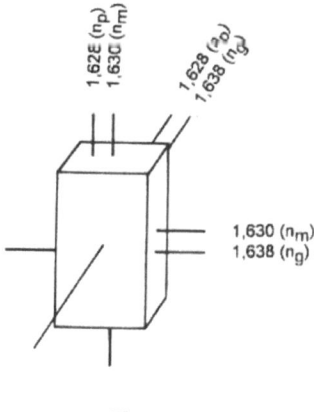

ex : Topaze

Figure 26 - La biréfringence pour une pierre anisotrope biaxe telle que la Topaze

- np = 1,628
- nm = 1,630
- ng = 1,638

Elle se calcule par $n_p - n_g = 0,010$

Mesure de la biréfringence sur le réfractomètre

Au réfractomètre munit d'un filtre polaroïd ou réfracté et orienté les vibrations lumineuses dans une direction préférentielle. Le résultat est l'apparition d'une ombre mouvante sur l'échelle de mesure.

Cela nous permet de calculer la différence des indices extrêmes.

La biréfringence se calcule dans 4 directions, ce sont les 4 positions de la pierre. La biréfringence varie selon le caractère optique de chaque espèce minérale.

Figure 27 - Les 4 positions sur le réfractomètre pour toutes pierres anisotropes

La pierre positionnée sur le réfractomètre et doit être tournée 4 fois de 45°, afin de prendre 8 indices (2 sur chaque position).

Il faut toujours placer les pierres dans les 4 positions même sur des gemmes dites "isotrope", cela permet d'attraper l'écart maximal. De plus, il faut également considérer tous les indices extrêmes.

***

LES OUTILS DU GEMMOLOGUE

La trousse à outils standard du Gemmologue sur le terrain va se composer de quelques appareils dont nous allons voir le fonctionnement :

- *Loupe x10* aplanétique[7] et achromatique[8],
- *Polariscope* : permet de voir l'isotropie et l'anisotropie des pierres,
- *Réfractomètre* : permet de prendre l'indice de réfraction d'une gemme et de calculer sa biréfringence,
- *Dichroscope* : permet de repérer le pléochroïsme,
- *Filtre Chelsea* : met en évidence le chrome ou le cobalt dans les pierres,
- Torche électrique

Voici les outils de base du Gemmologue, il peut également se charger dans ses voyages d'un "dark-field".

Par contre dans son laboratoire, le gemmologiste aura en plus à sa disposition :

- Balance à densité,
- Cabinet UV,
- Spectroscope,
- Loupe ou microscope binoculaire,
- ... et tout un ensemble d'autres appareils beaucoup plus importants, et qui lui permettront de déterminer précisément la composition chimique, faisant ainsi la différence entre 2 pierres très proches ou une pierre naturelle et sa synthèse.

Une analyse chimique permettra aussi de pouvoir préciser éventuellement l'origine de la pierre.

Il regardera la pierre à l'aide d'un microscope binoculaire qui lui permettra d'identifier les inclusions et ainsi affiner, lorsque cela est possible, la provenance de la pierre. En effet, certaines inclusions sont à la fois caractéristiques d'un minéral ou d'une famille, mais peuvent être

---

[7] Aplanétique : L'image ne subit pas de déformation à sa périphérie. Une loupe aplanétique limite au maximum la déformation de l'objet, la pierre.

[8] Achromatique : Sans couleur, laisse passer la lumière blanche sans la décomposer. L'image ne subit pas de décoloration. Une loupe achromatique ne va pas modifier la couleur de l'objet, la pierre.

également caractéristiques d'un type de gisement, voire de la provenance pour certains gisements rares.

En déplacement sur le terrain, sur les mines ou chez un négociant, notre petite trousse de voyage sera largement suffisante, sachant que la plupart du temps le seul outil toujours indispensable est la loupe.

Nous allons voir maintenant l'utilité et l'utilisation des différents outils se trouvant dans notre trousse de voyage. Je ne m'attarderai pas ici sur leur fonctionnement technique, ce n'est pas le but du voyage. De nombreux ouvrages existent sur ce sujet, vous en trouverez quelques références en fin d'ouvrage.

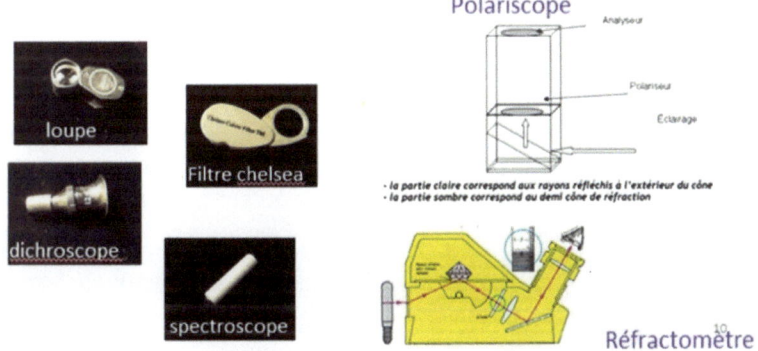

Figure 28 - Les outils que le gemmologue peut emporter sur le terrain - outils de base du gemmologue

Loupe

La Loupe, dite de Gemmologue, ayant un grossissement de x10, est aplanétique (ne déforme pas les bords de l'image) et achromatique (ne modifie pas la couleur et ne produit pas d'effet d'irisation).

L'analyse à la loupe doit précéder toute autre analyse. Elle permet la détection des doublets et l'observation des inclusions, tels que :

- Défaut de cristallisation,
- Zones de croissance,
- Traces de fusion,
- Canaux parallèles,

- Aiguilles,
- Bulles,
- Givres, …

L'analyse à la loupe n'est concluante qu'en de rares occasions et requiert de l'expérience en la matière et beaucoup de pratique et d'observation.

Polariscope

Cet appareil permet de discerner l'isotropie de l'anisotropie, laquelle se distingue par :

- Un rétablissement constant,
- Un rétablissement tous les ¼ de tour,
- Un non-rétablissement,
- Des anomalies.

Il existe des polariscopes au format de poche, facilement transportable et ne tenant pas plus de place qu'une lampe électrique. Ils permettent de regarder des pierres moyennes à petites, serties ou sur papier.

Figure 29 - Polariscope de poche accompagnée de sa "Maglite"

Réfractomètre

Le réfractomètre mesure l'indice de réfraction d'un milieu. L'indice "*n*" d'un milieu caractérise la vitesse de propagation de la lumière dans ce milieu.

Le réfractomètre apporte une indication précieuse des gemmes par leur indice de réfraction (vitesse à laquelle la lumière traverse la pierre).

Cet appareil calcul aussi la biréfringence.

Pour prendre une mesure d'indice de réfraction (Figure 28 - Les outils que le gemmologue peut emporter sur le terrain - outils de base du gemmologue, il est nécessaire de placer une petite goutte d'un liquide qui permettra de faire le joint entre la pierre et la surface de la vitre d'exposition de l'appareil. Ce liquide, du diiodométhane, a un indice connu et calibré et qui se situe à 1,78. Il se signale sur l'échelle du réfractomètre par une ligne rouge. Il faut être particulièrement vigilant à la hauteur de cette ligne quand on prend, par exemple l'indice du grenat almandin, qui se trouve à 1,79.

L'échelle du réfractomètre se situe entre 1,30 et 1,80. Ce qui signifie qu'un certain nombre de gemmes tels les zircon, diamant ou oxyde de zirconium synthétique, ainsi que certains grenats dont l'indice se trouvent hors de l'échelle de mesure.

D'autres appareils permettent d'apporter d'autres informations comme le testeur de diamants ou le réflectomètre. Ce dernier permet d'afficher des indices supérieurs à 1,79.

Dichroscope

Avant de comprendre le fonctionnement du dichroscope, il faut comprendre la différence entre pléochroïsme et polychromie.

Pléochroïsme et Polychromie

Il ne faut pas confondre pléochroïsme et polychromie, certes les deux ont quelque chose à voir avec la couleur, mais :

Le **pléochroïsme** (du grec "*pléo*" : nombreux et "*chroïsme*" : couleur) n'est observable qu'à l'aide de filtres polarisants croisés et accolés sur un même plan : le dichroscope

- Le dichroscope met en valeur la propriété des gemmes anisotropes en soulignant une variation de la couleur selon l'axe par lequel la gemme est observée.
- Il est lié à la décomposition des rayons lumineux et correspond à une absorption différente selon la direction cristallographique d'une gemme biréfringente.

La **polychromie** (du grec "*poly*" = plusieurs et "*khrôma*" = couleurs) est l'état d'un corps solide dont certaines parties offrent à la vue des couleurs différentes.

- Elle s'oppose à l'achromie (sans couleur),
- Elle s'observe à l'œil nu.

Une gemme polychrome est une gemme à plusieurs couleurs distinctes au sein d'un même cristal (ex. Fluorite "Blue John", Tourmaline "melon d'eau", Amétrine). Une gemme polychrome n'est pas forcément pléochroïque et inversement, une gemme pléochroïque n'est pas forcément polychrome.

Par exemple le *péridot* qui est **toujours vert et uniquement vert (idiochromatique)**, est une gemme monochrome, même si sa couleur varie du vert clair au vert plus foncé. Par contre, on verra dans la gemme un fort pléochroïsme allant du vert au vert-jaune selon le sens d'observation.

La couleur de certaines gemmes fonce ou s'amplifie et parfois change selon l'angle sous lequel on les examine. Au cas où 2 couleurs apparaissent, ce qui ne se produit que dans les systèmes cristallins hexagonal et rhomboédrique, on parle de "*dichroïsme*". Lorsque l'on voit 3 couleurs, ce qui se produit avec les systèmes cristallins orthorhombique, monoclinique et triclinique, on parle de "*trichroïsme*".

On lira ces couleurs avec le dichroscope. Plus la pierre sera claire, plus le pléochroïsme sera difficile à observer.

Le dichroscope est formé de 2 lames de filtres polaroïds perpendiculaires en position côte à côte.

La lecture du pléochroïsme peut aider à différencier :

- des *gemmes d'indices et de couleurs proches* telles que l'améthyste (dichroïque) et la cordiérite (trichroïque),
- une *gemme naturelle anisotrope* (dichroïque ou trichroïque) *d'une gemme naturelle isotrope* (monochroïque), tel que le rubis (dichroïque) et le spinelle rouge (monochroïque),
- une *gemme anisotrope* d'un verre.

La polychromie n'est pas liée au système cristallin. Elle se voit à l'œil nu alors que le pléochroïsme est visible au dichroscope et ne concerne que les pierres anisotropes.

Prenons l'exemple de la tourmaline qui est souvent considérée et appelée "*minéral poubelle*". Lors de sa progression vers la surface terrestre, elle a croisé toutes sortes d'éléments chimiques, elle a attiré aussi des éléments chromogènes tels le chrome, le cobalt, le nickel, ... Ce qui va lui donner cette particularité de pierre polychrome. Non seulement, elle existe dans toutes les couleurs, de l'incolore au noir, elle arbore également plusieurs couleurs dans un même cristal et donc dans la même gemme, d'où ces appellations gemmologiques :

- "*Melon d'eau*" : cœur rose et périphérie verte
- "*Tête de Maure*" : incolore à terminaison noire
- "*Tête de Turc*" : verte à terminaison rouge

Ce n'est pas la seule gemme présentant cette particularité de polychromie. Il existe de nombreuses gemmes avec une dichromie, (2 couleurs au sein d'un même cristal), ou plus :

- La *fluorite*, possède la particularité d'avoir au sein du même cristal plusieurs couleurs répartis en bande de couleur ;

- *L'amétrine*, qui est un "mélange" de quartz citrine et de quartz améthyste, présentant une partie violette avec les propriétés et caractéristiques de l'améthyste, tandis que la partie jaune les propriétés et caractéristiques de la citrine. Dans le processus générateur de l'amétrine, seule une partie des cristaux de la poche aurait été exposé au rayonnement et se transformera en citrine. Les amétrines ne sont pas produites dans tous les gisements d'améthyste ou de citrine, certaines conditions environnementales doivent être présentes pour que cette irradiation naturelle se produise naturellement ;

- La *tanzanite* peut également être bicolore, bleu et vert dans un même cristal. A la chauffe, elles deviennent uniformément bleues ;

- Les *corindons* aussi peuvent être bicolores. Les corindons, sont la grande famille des rubis et saphirs. Certains saphirs peuvent être bleus et jaunes, ou même bleus avec du vert pour les saphirs australiens. Plus rares sont les orangés.

Voir tableau récapitulatif dans l'annexe Polychromie Vs. Pléochroïsme.

Le dichroscope

Dans toutes les gemmes à fort pléochroïsme (tourmaline, saphir,...), le pléochroïsme peut se voir à l'œil nu. L'intensité du pléochroïsme n'est pas liée à l'intensité de la couleur. Dans les trois quarts des cas, il faut utiliser le dichroscope.

Le dichroscope permet d'observer le pléochroïsme dans toutes les gemmes anisotropes colorées, même s'il est faible/léger.

Le dichroscope fonctionne selon le principe de la polarisation de la lumière. 2 filtres polaroïds perpendiculaires placés côte à côte. En sélectionnant les vibrations lumineuses de manière différente, l'on verra 2 couleurs différentes, plus ou moins intenses, selon la nature et l'intensité coloré de la pierre.

Figure 30 – position des filtres polarisants du dichroscope : 2 filtres polaroïds analyseurs orientés perpendiculairement et placés côte à côte

L'usage du dichroscope est très utile pour le lapidaire car il lui permet de mieux déterminer dans quelle direction se trouve la couleur la plus esthétique :

- *Saphir* : bleu dans l'axe, bleu et vert dans les autres directions

- *Émeraude* : vert-bleu dans l'axe, vert-jaune dans les autres directions. Culturellement les anglo-saxons, et les pays du nord, préfèrent les émeraudes vert-bleu, alors que les latins, et les pays du sud, préfèrent les émeraude vert-jaune.

- *Cordiérite* : la table est taillée dans la direction du bleu-violet.

- Certaines *tourmalines* (les vertes par exemple) peuvent paraître noires dans une direction différente de l'axe optique. Le dichroïsme est là, très important pour le lapidaire. Si ce dernier ne taille pas les tourmalines dans le bon sens, la couleur verte ne sera pas visible.

Le dichroscope est **inutile** pour les pierres noires, incolores et opaques.

Gemmes Uniaxes

Les gemmes uniaxes sont des gemmes ayant un seul axe de croissance. Ce sont les gemmes des systèmes quadratique, hexagonal et rhomboédrique.

Pour ces gemmes, on parle de dichroïsme (2 couleurs) :

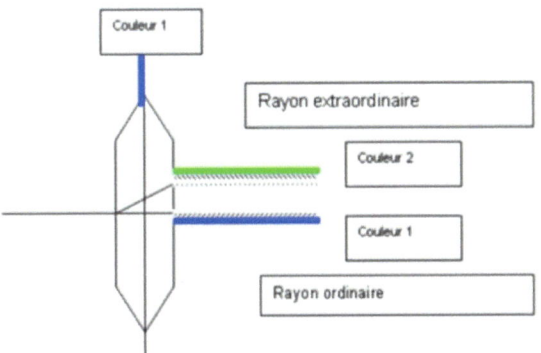

Figure 31 - **Axe optique pour les gemmes anisotropes uniaxes**

Le dichroïsme sera nul dans les gemmes noires ou incolores et faible sur les gemmes claires.

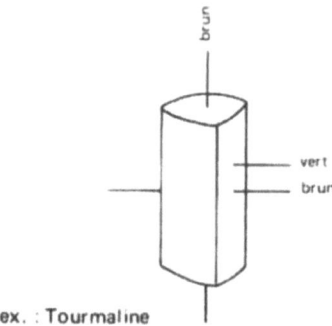

Figure 32 - Dichroïsme dans la tourmaline verte (anisotrope uniaxe)

Gemmes Biaxes

Les gemmes biaxes sont des gemmes ayant 2 axes de croissance privilégiés. Ce sont les gemmes des systèmes orthorhombique, monoclinique et triclinique.

Ces gemmes sont trichroïques (3 couleurs)

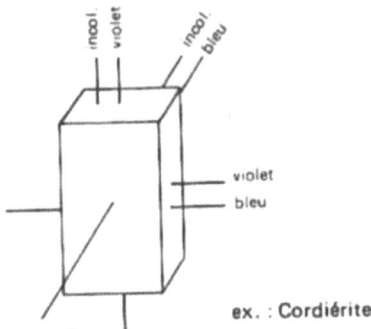

Figure 33 - Trichroïsme dans la Cordiérite (anisotrope biaxe)

Les 3 couleurs sont répartis 2 par 2 dans les 3 axes.

Certaines gemmes présentent des couleurs tranchées, mais la plupart des gemmes ont un pléochroïsme faible (peu franc).

Réactions au dichroscope

Voir tableau dans l'annexe Réactions au dichroscope.

Filtre Chelsea

Le Filtre Chelsea a été inventé par des étudiants de l'université de Chelsea pour identifier les émeraudes naturelles des synthétiques. Les béryls naturels n'ayant "pas" de chrome, ils se distinguent des émeraudes qui en possèdent.

Le filtre Chelsea met en évidence la présence du chrome ou du cobalt dans les cristaux naturels, synthétiques ou teintés. Il filtre les radiations lumineuses en ne laissant passer que le bleu, le vert ou le rouge. Plus une pierre est riche en chrome ou en cobalt, plus elle apparaît rouge sous le filtre. Par exemple :

- Une **émeraude naturelle** apparaîtra **verte**, grise, rose, rouge sombre tandis qu'une **émeraude synthétique** ne sera **jamais verte**, rarement rose, peut-être rouge sombre, mais très souvent rouge vif ;

- Dans les calcédoines baignées verte (ou agate verte), le cobalt apparaît rouge intense ;

- Les saphirs bleus naturels sont riches en fer, alors que leurs synthèses n'en ont pas et ont, en lieu et place, du cobalt. Les synthèses vont réagir rouge au filtre alors que les naturels vont rester inchangés (inertes).

N.B : *Ne se servir du filtre pour observer des lots de pierres que pour comparaison et avertissement car il n'est pas toujours une preuve de la présence de chrome.*

Le filtre est intéressant pour différencier l'améthyste (qui peut rosir ou rougir) de la cordiérite (dont la couleur reste inchangée).

Réactions au Filtre Chelsea

Voir tableau dans l'annexe Réactions au filtre Chelsea.

Torche électrique

Absolument indispensable, pour voir la pureté d'une gemme à l'intérieur d'un brut, mais également pour lire sur son réfractomètre ou son polariscope, voire même lors de l'utilisation du ""Dark Field"". Préférez alors une torche électrique du type "Maglite" ou assimilée.

Spectroscope

Permet de mesurer l'absorption de la lumière dans une gemme. Le spectre se mesure en nm (nanomètre ou Angstrom).

Le faisceau de lumière est composé de lumière blanche laquelle contient l'ensemble de la palette lumineuse et donc d'une série de rayonnements monochromatiques de longueurs d'ondes différentes. La palette de couleurs constituant la lumière blanche est visible dans l'arc en ciel :

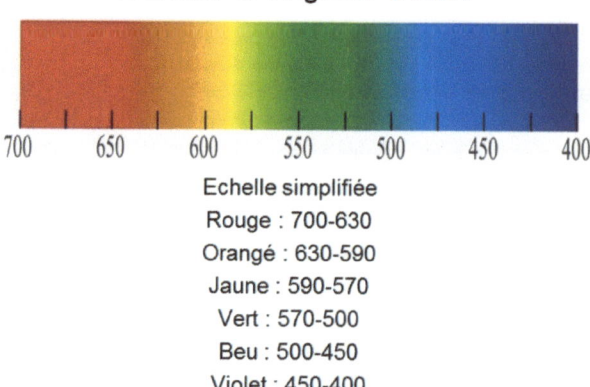

Echelle simplifiée
Rouge : 700-630
Orangé : 630-590
Jaune : 590-570
Vert : 570-500
Beu : 500-450
Violet : 450-400

Figure 34 - Spectre complet avec longueur d'ondes

Si un système dispersif (prisme, réseau) est interposé sur le trajet de la lumière blanche, l'observateur voit un arc en ciel.

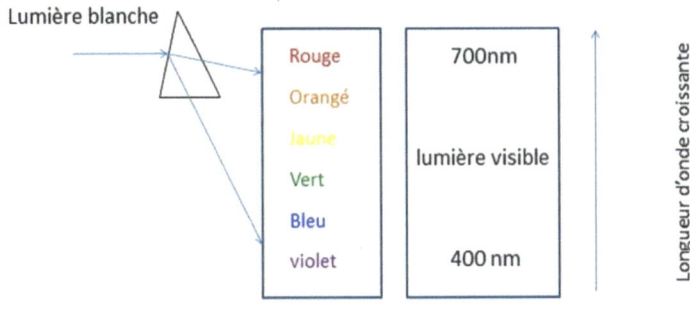

Figure 35 - Trajet de la lumière blanche avec système dispersif interposé et longueur d'onde croissante

En plaçant une pierre avant le système dispersif, celle-ci va absorber un certain nombre de rayonnements, ce qui va se traduire par des "trous" dans l'arc en ciel.

S'observent alors des lignes noires ou bien des zones noires, on parle de raies ou de bandes d'absorption. Il est parfois possible d'observer des raies ou des bandes vives qui correspondent à des rayonnements réémis par la pierre dans la zone des couleurs visibles : on parle alors de raies ou de bandes d'émission.

Spectre[9] observé et limites.

L'étude des spectres (ensembles formés par l'arc en ciel et les différentes, raies ou bandes) associés à chaque pierre, montre que les absorptions et les émissions sont dues, dans la majorité des cas, à la présence d'éléments chimiques dans la structure de la pierre.

Les deux éléments principaux chromogènes sont le chrome (spectres de référence ayant pour caractéristique principale la présence de raies d'absorption dans le rouge) et le fer (spectres de référence ayant pour

---

[9] Pour avoir la liste des spectres, consulté le livre "*OPL, A Student's Guide to Spectroscopy*" de Colin H.Winter

caractéristique principale la présence de raies d'absorption dans le bleu (450 nanomètre (nm)).

D'autres éléments interviennent comme le manganèse, le cobalt, l'uranium ...

Le spectre observé dépendra de la présence de ces éléments, de leur teneur (spectre d'autant plus marqué que l'élément est abondant), et aussi de la structure dans laquelle il est engagé.

Ainsi rubis et émeraude ont tous deux un spectre lié au chrome (donc des raies dans le rouge et des bandes et raies annexes) mais des spectres différents car ces deux pierres ou gemmes n'ont pas les mêmes composés chimiques. Le rubis est un oxyde d'aluminium alors que l'émeraude est un silicate d'aluminium et de béryllium.

Description sommaire du spectre du rubis

- Doublet d'émission ou d'absorption dans rouge G(gauche)
- Doublet dans rouge M (milieu)
- Large bande tout le vert
- Doublet et raie dans le bleu M
- Absorption (cut-off) du violet

Figure 36 - Exemple de spectre, spectre du rubis et sa lecture

Par contre les rubis naturels et synthétiques, tout comme, les émeraudes naturelles et synthétiques, ont un spectre analogue puisque l'élément (chrome) est le même et la structure cristalline identique.

Le spectroscope ne permet donc pas une différenciation entre une pierre naturelle et une pierre synthétique à moins qu'il y ait un élément chimique les composant et donnant un spectre particulier (fer, chrome, cobalt), qui soit présent dans l'une et absent dans l'autre.

C'est le cas pour :

- le *spinelle bleu naturel* qui présente un spectre lié au fer (bande dans le bleu) alors que le spinelle synthétique bleu présente un spectre lié au cobalt (3 bandes dans le vert - jaune - rouge).

- le *saphir bleu naturel* présentant un spectre lié au fer (bande dans le bleu) alors que le saphir bleu synthétique de fabrication Verneuil, qui ne contient pas de fer, présente un spectre sans aucune absorption. A noter que les saphirs bleus synthétiques obtenus par dissolution anhydre contiennent un peu de fer et peuvent présenter un spectre lié au fer peu marqué.

L'absence de bandes ou de raies d'absorption doit être considérée avec précaution, car il y a trois possibilités d'interprétation :

- Il n'y a pas d'absorption visible dans le spectre,
- Il y a un spectre léger difficile à voir du fait de la faible teneur de l'élément responsable (exemple : saphir de Ceylan peu ferrifère),
- Il y a un spectre mais l'observation est mauvaise (spectroscope mal réglé ou pierre mal placée sur la trajectoire lumineuse).

Le spectre peut également être observé sur un bijou monté. Si le spectre est peu lisible, il faut s'assurer que la pierre et le bijou soient propres et que la lumière traverse bien la pierre, qu'il n'y a pas d'obstruction, le spectre pourrait en être modifié voire illisible.

"Dark Field"

Le "Dark Field" est un petit appareil disposant d'une loupe miniature triplet de grossissement 10X à haute intensité et d'un champ sombre et sans distorsion de 18mm.

- Sa taille compacte le rend facile à transporter lors de l'achat de bijoux ou lors de déplacement sur le terrain (sur les mines pour l'achat de brut),
- Il nécessite une "Maglite Mini" pour la source de lumière Figure 37 (ci-dessous)ci-dessous

Figure 37 - Loupe Dark filled à grossissement X10 et sa Maglite

La loupe à fond noir est un petit instrument qui permet un grossissement de 10X, comme dans une loupe standard, toutefois, une caractéristique importante lui est ajoutée. Elle est combinée avec une zone permettant de visualiser un bijou sur un fond noir avec un éclairage latéral fort.

Lorsqu'on regarde contre un fond, ou champ, sombre (d'où le nom de loupe dark field) avec un éclairage latéral et un grossissement de 10X, de nombreux types d'inclusions sont plus faciles à voir et il est plus facile de les identifier.

Le "Dark Field" est important pour les tests :

- *pour les négociants* en pierres de couleurs afin d'identifier certaines inclusions, leur permettant ainsi de séparer les pierres naturelles des pierres de synthèse ainsi que les pierres naturelles chauffées des pierres naturelles non chauffées.

- *pour les acheteurs de diamants* : il y a de plus en plus, sur les marchés, de diamants fracturés et remplis d'une substance ressemblant à du verre pour améliorer l'aspect général de la pierre. Ces diamants ont une clarté renforcée et le "Dark Field" permet d'observer ces fissures.

Partie 2
Les phénomènes optiques, les pierres de synthèses et les traitements

LES PHÉNOMÈNES OPTIQUES

Un phénomène optique est le nom générique donné à tout événement observable résultant de l'interaction entre la lumière et la matière.

Ces phénomènes optiques visibles dans les gemmes sont des marques lumineuses sous formes de bandes ou étoiles, ainsi que des reflets de surface qui n'ont rien à voir avec leur couleur propre. Ils nous apparaissent comme des effets d'optique. Ces effets d'optique sont la résultante de phénomènes de diffusion, de diffraction ou d'interférence. Nous allons en regarder quelques-uns, les plus remarquables tels que : l'adularescence, l'astérisme, l'aventurescence, le chatoiement, l'irisation, la labradorescence... (qui sont des définitions gemmologiques).

Se reporter à l'annexe sur Les phénomènes optiques qui fait une synthèse de ces phénomènes.

Effets lumineux liés à la diffusion

La diffusion, c'est le principe du rayon lumineux qui éclate sur un obstacle. Les rayons bleus sont diffusés alors que les rayons rouges sont dispersés. C'est ce que l'on appelle le principe de diffusion selon Rayleigh où un petit obstacle va diffuser du bleu alors qu'un gros obstacle (ciel nuageux) va diffuser une lumière blanche.

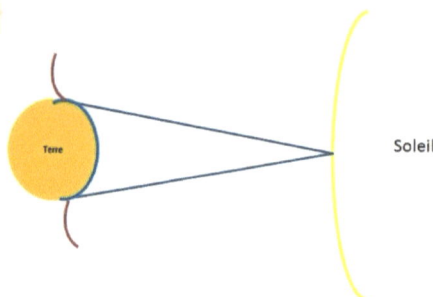

Figure 38 - Principe de la diffusion de Rayleigh de la lumière du Soleil sur la Terre

Opalescence

L'opalescence est un effet d'optique lié à la diffusion de la lumière, il donne un aspect laiteux à l'opale. Cet effet est du à de multiples et fines inclusions qui diffusent un jeu de couleur.

Le diamant (icy), les feldspaths, la calcédoine, le quartz (girasol)… ont aussi ce phénomène d'opalescence plus ou moins visible.

Chatoiement – chatoyance (œil de chat)

Le chatoiement est un phénomène lié à la diffusion des rayons lumineux sur des éléments aciculaires parallèles (aiguilles, canaux, fibres, …) se trouvant dans la pierre. Ce phénomène fait penser à la pupille d'un chat. Le chrysobéryl œil de chat, aussi appelé seulement "œil de chat" est la pierre qui manifeste le mieux se phénomène, mais il y a d'autres gemmes qui ont ce phénomène d'œil de chat.

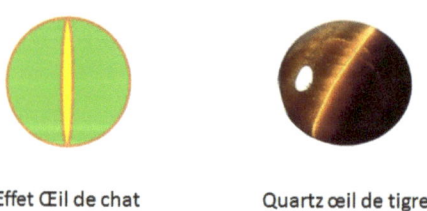

Effet Œil de chat   Quartz œil de tigre

Figure 39 - Phénomène "d'œil de chat" et quartz œil de tigre

C'est la disposition des inclusions qui produit cet effet, c'est le cas par exemple pour :

- **Quartz œil de chat :** Asbeste (amphibole altérée) qui produit ce phénomène,
- **Quartz œil de faucon :** Crocidolite (amphibole bleue) qui produit ce phénomène,
- **Quartz œil de tigre :** Crocidolite doré qui produit ce phénomène,
- **Quartz œil de taureau :** Crocidolite rougeâtre qui produit ce phénomène,
- **Quartz œil de fer :** Crocidolite + oxyde de fer qui produit ce phénomène

Astérisme

Même principe que pour le chatoiement, mais les fines particules allongées sont disposées parallèlement les unes aux autres selon 2 ou 3 directions coplanaires et suivant la symétrie des cristaux.

Il existe des étoiles à 4, 6 ou 12 branches. Les étoiles à 12 branches sont assez rares, les étoiles à 6 branches sont courantes dans les systèmes rhomboédrique, hexagonal et cubique, alors que les étoiles à 4 branches se trouveront davantage dans les systèmes ayant un axe de symétrie 2. (Se reporter à l'annexe Éléments de symétrie dans les systèmes cristallins).

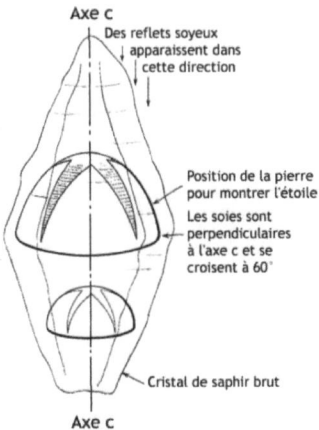

Figure 40 – Exemple d'astérisme mis en évidence dans un saphir

Les soies (aiguilles très fines de rutile) dans un brut de saphir sont positionnées perpendiculaires à l'axe optique et se croisent à 60°. Afin de mettre en évidence la présence d'un astérisme dans un saphir et de mettre en évidence les reflets soyeux, il faudra choisir pour la taille la position idéale de la pierre, celle qui montrera les soies. Il faudra la tailler perpendiculairement à l'axe de croissance.

Figure 41 - Saphirs rouges astériés exposant 6 branches sous lumière particulière

Les étoiles à 12 branches sont dues à 2 réseaux (hématite, rutile) qui peuvent avoir 2 couleurs, ou à un effet de réflexion pour les gemmes très pures.

Ces 2 réseaux se trouvent sur des plans parallèles. Ce qui donne davantage de profondeur à l'étoile.

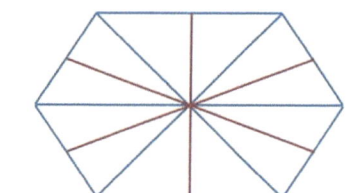

Saphir astérié formé de 2 réseaux : rutiles et hématites formant une étoile à 12 branches

Figure 42 – Schéma d'un astérisme à 12 branches dans un saphir

Dans le corindon synthétique étoilé, l'astérisme est dû à une oxydation superficielle d'un excès de titane, ou par injection de bulles pendant la fabrication selon 3 directions. L'étoile est superficielle, les branches sont très fines et se positionnent en surface.

Effets lumineux liés aux interférences

Le phénomène lié aux interférences s'explique par 2 rayons de même longueur d'onde et de même intensité parcourant un chemin parallèle. Ils se rejoignent et interfèrent entre eux. Cette combinaison négative ou positive amplifie ou annule la couleur de la pierre.

Les couleurs vont changer selon les couches sur lesquelles ces rayons sont réfractés.

Les interférences produisent des couleurs non spectrales causées par des structures lamellaires de 2 matières différentes (obsidienne arc-en-ciel, rainbow moonstone). Parmi les effets lumineux liés aux interférences, nous verrons les phénomènes d'adularescence, de diffraction et de labradorescence.

Adularescence

On trouve ce phénomène dans la pierre de lune (ou adulaire). Ce sont des reflets blanc bleuté qui semblent glisser sur la surface de la gemme lorsqu'on la bouge. Ces interférences se font sur les structures lamellaires de feldspath sodique et potassique se trouvant dans la pierre.

Ce phénomène d'adularescence est très visible sur la gemme quand elle est taillée en cabochon.

Figure 43 – Effet d'adularescence dans une pierre de lune (Minas Gerais - Brésil)

Diffraction

Le phénomène de diffraction est lié au très grand nombre de couches superposées qui donnent des couleurs spectrales pures.

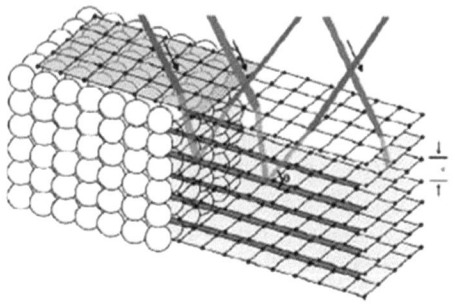

Figure 44 - Phénomène de diffraction de la lumière dans la structure sphéroïdique dans une opale

Ce phénomène va se retrouver notamment dans la structure même de l'opale.

Labradorescence

La labradorescence se sont des reflets métalliques éclatants où dominent le bleu, le vert et le jaune, mais où peut apparaître tout le prisme de couleurs. Les reflets sont causés par des phénomènes d'interférence due à des lamelles jumelées (perthites). Ce phénomène est visible dans la labradorite plus ou moins intensément selon l'angle d'exposition à la lumière.

Figure 45 - Effet de labradorescence dans une labradorite de Madagascar

La labradorite et la pierre de lune diffèrent dans leur diffusion.

Effets lumineux liés à la réflexion

Aventurescence

Ce sont des effets scintillants donnés par de petites particules (mica, hématite, dumortiérite) réparties dans la masse d'un quartz, d'une quartzite ou d'une autre gemme.

L'on va retrouver ce phénomène typiquement dans l'aventurine.

Figure 46 - Aventurines bleues et vertes

Effet lumineux liés à la chimie

Parmi les effets lumineux liés à la chimie, nous verrons l'effet alexandrite et l'effet Usumbara.

Effet alexandrite

L'éclairage « lumière du jour », (riche en bleu) privilégie la fenêtre de transmission dans le bleu vert
L'éclairage « lumière incandescente », (riche en rouge orangé) privilégie la fenêtre de transmission dans le rouge

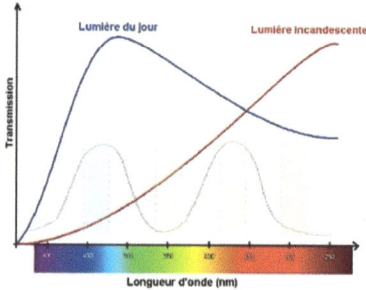

Figure 47 - Longueur d'onde pour un effet alexandrite

Ce sont des gemmes qui changent de couleur en fonction de la source lumineuse.

- Rouge pourpre à la lumière à incandescence/fluorescence
- Vert à bleu à la lumière du jour

Figure 48 - Alexandrite facettée placée sous 2 types d'éclairages différents

D'autres gemmes présentent ce phénomène (environ 30, naturelles ou synthétiques), comme par exemple :

- Grenats pyrope,
- Grenat spessartite,
- Saphirs,
- CZ (oxyde de zirconium synthétique), …

Effet Usambara

Cet effet d'optique est un changement de couleur due à l'épaisseur de la gemme :

- Si la gemme est fine : elle paraîtra verte
- Si la gemme est épaisse : elle paraîtra rouge

Cet effet est assez rare.

Etoiles particulières

Une gemme est dite "**trapiche**" lorsqu'elle présente des figures de plus forte concentration en éléments chimiques dans la pierre. On observe un hexagone en forme de roues hexagonale plus ou moins marqué selon le système cristallin.

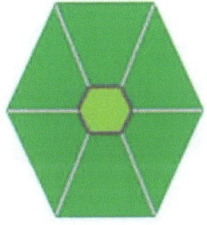

Schéma de trapiche pour une émeraude

Figure 49 - Structure d'une forme trapiche

Figure 50 – Pierre Trapiche dans un rubis brut et dans un saphir en cabochon

"Trapiche", vient d'un mot espagnol signifiant "roue de moulin", ce qui explique sa disposition en forme de roue.

La formation d'un monocristal ayant subi 2 phases de croissance alternées et distinctes. Une première phase entraîne le développement central du cristal formant une "roue" hexagonale. Puis la croissance s'arrête, lorsque les conditions physiques et chimiques sont favorables, la cristallisation reprend à partir de chacune des faces, soit 6 directions de cristallisations. S'entremêlent alors des inclusions solides, comme de l'albite ou de mica... le long des nouvelles faces cristallines, donnant alors des "fantômes ou des lignes noires...

Dispersion

Le phénomène de dispersion est un effet d'étalement des couleurs du spectre de la lumière blanche lié à la réfraction. Nous avons vu précédemment que l'indice de réfraction variait avec la longueur d'onde considérée.

Cette longueur d'onde se calcule en faisant passer la lumière blanche au travers d'un prisme. Le résultat étant ce que l'on peut voir au travers du spectroscope.

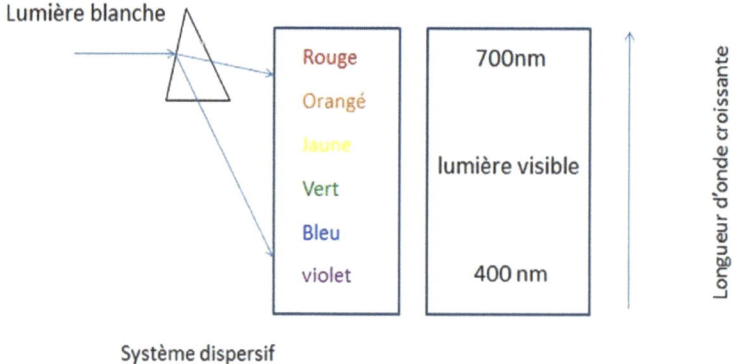

Figure 51 - Phénomène de dispersion

Le pouvoir dispersif est l'erreur relative due à la dispersion sur la déviation du rayon jaune, ce sont les feux. Ce phénomène, dans les pierres ayant un indice de réfraction élevé, est d'autant plus élevé que la lumière est brisée.

Ce pouvoir dispersif est mesuré avec des rayons chromatiques particuliers :

- Lampe au lithium : pour mettre en évidence le rouge
- Lampe au fer ou manganèse : pour mettre en évidence le bleu

***

LES SYNTHÉSES

Historique

On a dit que depuis l'Antiquité les gemmes étaient appréciées pour leurs propriétés ornementales. Déjà à cette époque, elles étaient destinées à une population fortunée.

Dans l'Égypte ancienne, les pharaons portaient des gemmes et en faisaient cadeau à la noblesse. Les indiens Mayas et Incas ainsi que les peuples d'Asie en paraient leur dieux et les nobles et notables en portaient et s'en faisaient offrir. Même de nos jours, les pierres précieuses sont réservées à une "élite" fortunée. Alors très vite des hommes ont cherché à copier ces pierres fabuleuses et inaccessibles afin de donner à chacun la possibilité d'accéder à un succédané de magie et d'éternité par l'élaboration d'imitations et de synthèses.

Les premières imitations en verre ou pâte de verre datent également de l'Égypte ancienne.

Les plus belles pierres ont été ainsi toutes imitées, les diamants, les rubis, les saphirs, les émeraudes, ainsi, bien sûr, que bien des pierres connues ou moins connues.

Toutefois, certaines, dues à la complexité de leur composition chimique n'ont pas encore été synthétisées.

Quelle est la différence entre l'imitation et la synthèse ? Une synthèse peut-elle être une imitation ?

Parmi ce que l'on appelle "synthèse", il faut distinguer, les matériaux de synthèses, des fac-similés et des imitations.

Les pierres de synthèses

Ce sont des pierres fabriquées en laboratoire à partir de contrepartie provenant de la pierre qu'elles veulent imiter, un "germe". Ces fabrications reprennent les propriétés physiques, chimiques et optiques de la pierre qu'elles veulent imiter. Ex. : corindon synthétique, émeraude de synthèse, quartz de synthèse, spinelle synthétique,...

Ce sont des copies réelles des vraies pierres, des clones. Elles reproduisent le système cristallin, le caractère optique.

Auguste Verneuil[10] compte parmi les premiers créateurs de synthèses en 1904[11].

Les Corindons synthétiques Verneuil sont les plus répandus. Ils ont des zones courbes et des bulles. Les corindons synthétiques contiennent de l'oxyde d'alumine. On les reconnaît à leurs bulles dues à l'oxygène nécessaire à la préparation de ces synthèses. Ils rétablissent tous les ¼ de tour, tout comme le corindon naturel.

Les Corindons synthétiques Verneuil réagissent comme les pierres authentiques. Ils ont une dureté de 9 et une dichromie similaire. Toutefois, ils pourront avoir des réactions différentes aux UV. Le saphir naturel contient du fer qui est remplacé par du cobalt dans la synthèse. Le fer "tue les UV", c'est-à-dire qu'il ne réagit pas aux rayons UV alors que le cobalt, oui. Ils n'auront donc pas la même réaction au filtre Chelsea et aux UV ou encore au spectre optique.

---

[10] Auguste Victor Louis Verneuil (Dunkerque, 1856 - 1913) était un chimiste français célèbre pour avoir inventé le premier processus commercialement viable de fabrication de pierres précieuses synthétiques. En 1902, il découvrit le processus de fusion à la flamme aujourd'hui communément appelé processus Verneuil, qui reste toujours de nos jours d'actualité pour obtenir des corindons et des rubis synthétiques. (Wikipédia)

[11] Elles arrivent sur le marché vers 1920

Le Spinelle synthétique ressemble au corindon, mais ses indices sont légèrement plus importants.

- Les indices du spinelle fin ou naturel sont de 1,69 à 1.71,
- Les indices du spinelle synthétique sont de 1,72 à 1,74, alors que
- Les indices du corindon naturel ou synthétique sont de 1,76 à 1,77

Le spinelle synthétique a été élaboré pour créer des tons plus pastel et élargir le panel des couleurs, mais également pour créer des pierres incolores. Le spinelle naturel incolore ne se trouve pas dans la nature. Les spinelles synthétiques incolores ont été utilisés comme substitut du diamant ou pour élaborer des doublets que nous verrons plus en détail dans la partie concernant Les doublets.

Certaines couleurs sont naturellement rares tels les pastels ou le vert foncé. En revanche, ils sont plus faciles à trouver sous formes synthétiques.

Le spinelle synthétique est arrivé sur les marchés en 1950. Il a des bulles en forme de cacahouète, mais pas de zones courbes, contrairement aux corindons. Il réagit fortement aux UV.

Les procédés de fabrication s'étant perfectionnés, les produits de synthèse sont de plus en plus propres (moins d'inclusions) ou vont même jusqu'à reproduire des vraies fausses inclusions dans de "vraies fausses" synthèses. C'est le cas notamment des "jardins" de l'émeraude dans les émeraudes de synthèse en provenance de Russie.

Les synthèses du diamant ont été commercialisées plus tard. On aura l'occasion d'y revenir.

Corindon Synthétique Verneuil

Les corindons synthétiques Verneuil reproduisent toutes les couleurs des corindons naturels. L'adjonction de colorants (chromophore) permet l'obtention de couleurs.

- Corindon : Al_2O_3 (oxyde d'aluminium),
- Rubis : Al_2O_3 (oxyde d'aluminium) + Cr (Chrome),
- Saphir : Al_2O_3 (oxyde d'aluminium) + FeTi (Fer et Titane), le fer sera remplacé par du cobalt dans le saphir synthétique.

Il existe différents procédés pour créer des synthèses, comme le procédé Verneuil. Ce procédé étant le plus répandu, nous nous attarderons un peu sur ce procédé de fabrication.

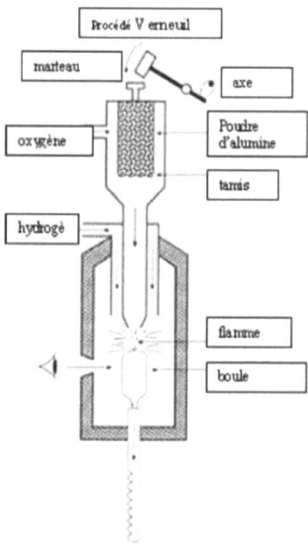

Figure 52 - Procédé Verneuil pour créer des synthèses par fusion sèche

La fusion se fait à l'aide un chalumeau oxhydrique qui permet un mélange oxygène + hydrogène. Ce mélange de gaz enflammé produit la température de fusion de la poudre d'alumine à 2051°C.

Il peut y avoir une adjonction d'oxydes métalliques. Le monocristal (de type céramique) se forme goutte à goutte, comme une stalagmite.

Cette opération peut durer de quelques heures à plusieurs jours. La fusion doit toujours être réalisé dans la même zone de la flamme et dirigée vers le bas, afin que le cristal grandisse par superposition de très fines couches de matière fondue. Il est donc nécessaire d'abaisser progressivement le support et d'alimenter le chalumeau avec précision et régularité.

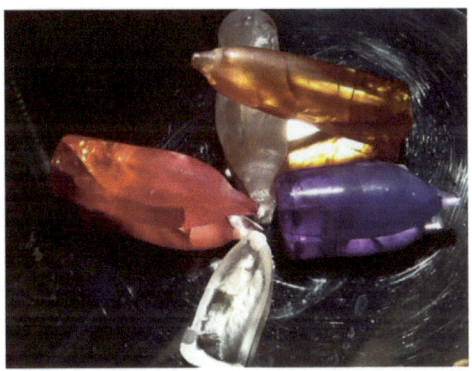

Figure 53 - Échantillons de "bouteilles" Synthèse Verneuil

Ces bouteilles sont le résultat du chauffage par tirage du procédé Verneuil. Ces synthèses doivent être cassées en deux dans le sens de la longueur pour en éliminer les zones de tension.

Identification

- Courbes de croissance parallèles parfois de couleurs contrastées et très régulières,
- Bulles de formes variées mais différentes du verre (allongées, en chapelet, en forme de cacahouètes...)

Figure 54 - Inclusions caractéristiques des synthèses : zones courbes, bulles en chapelet ou en forme de cacahouètes

Spinelle Synthétique Verneuil

Même procédé de chauffe que pour le corindon synthétique Verneuil, seule la formule chimique change.

- Spinelle : $MgAl_2O_4$ (oxyde d'aluminium et de magnésium)

La température de fusion est plus élevée et peut grimper jusqu'à 2130°C.

Le spinelle synthétique a eu beaucoup de succès dans les années 1940-1950.

On le trouve dans toutes les couleurs **et très rarement** en rouge, mais essentiellement dans des couleurs pastel.

La tranche d'indice est plus large, et va de 1,720 à 1,740.

Le spinelle synthétique incolore (**le spinelle naturel incolore n'existe pas**) a été commercialisé pour créer un substitut du diamant.

Identification

- Bulles télescopées à l'aspect métallique
- Bulles filandreuses

Attention : il n'y a pas de zones courbes dans le spinelle synthétique.

Les pierres synthétiques

Ce sont des pierres fabriquées entièrement en laboratoire et qui n'ont pas toujours de contrepartie dans la nature, auquel cas, ce sont des imitations. Elles ont parfois des propriétés physiques, chimiques et optiques différentes de la pierre qu'elles voudraient imiter.

- Oxyde de zirconium synthétique (CZ),
- Yttrium Aluminium Garnet (YAG) utilisé dans l'industrie du laser,
- Yttrium Iron Garnet (YIG) utilisé dans l'industrie pour filtre et amplificateur.

Les imitations

Une pierre d'imitation est une pierre naturelle ou une substance synthétique pouvant être confondue avec une autre. Les pierres d'imitations pourraient également être dénommées "*pierres de substitution*" ou "*substitut de*", car elles ont pour vocation d'imiter une gemme naturelle, par ex :

- Topaze bleue pour une aigue-marine,

- Spinelle pour corindon,
- Zircon pour diamant,
- Oxyde de zirconium synthétique pour du diamant,
- ...

Ou encore :

- les pierres incolores (cristal de roche, zircon, topaze incolore,...) pour imiter le diamant,
- les pierres rouges pour imiter le rubis,
- les pierres vertes pour imiter l'émeraude,...

Dans les imitations, on pourra ajouter le verre teinté qui peut imiter toutes les pierres fines, ornementales ou les matières organiques, ainsi que le plastique ou la résine pour confondre l'ambre et les matières organiques.

Les doublets

Un doublet est constitué de 2 matières d'origine identiques ou différentes, naturelles et synthétiques. Collées l'une sur l'autre, elles donnent de l'épaisseur ou créent un effet d'optique. Ce système a été inventé pour créer des imitations ou des pierres de substitutions selon la couleur qui leur était donné.

Il y a plusieurs types de doublets, mais nous ne considérerons ici que les plus courants.

Les doublets grenat-verre

Ils ont été inventés en 1850. Le verre a une dureté de 4 tandis que le grenat a une dureté de 6,5 à 7,5. De ce fait, le verre est facile à travailler et à teinter, il donne, de plus, la couleur à la pierre.

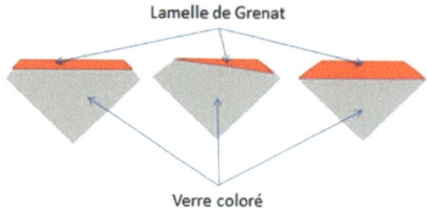

Figure 55 – Positions possibles d'une plaquette de grenat sur un morceau de verre taillé : Doublet grenat-verre rouge

Sur le verre, est collée une couche de grenat, une fine lamelle. On peut donc y voir les inclusions typique du grenat soit : des bulles, des aiguilles de rutile, les bords déchiquetés (trace de colle).

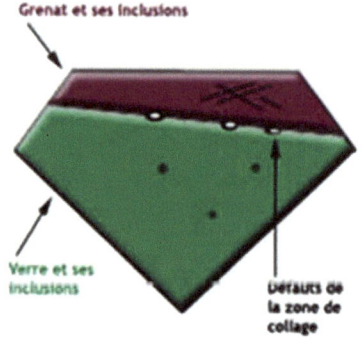

Figure 56 - Inclusions caractéristiques d'un doublet grenat-verre

Beaucoup sont utilisés pour faire des copies de diamant. Il a des reflets rouges quand on tourne la pierre.

Un doublet se reconnaît :

- Cerne rouge sur la table,
- Bords déchiquetés à la jonction de la lamelle de grenat,
- Inclusions du grenat sur la table et inclusions du verre dans la culasse,

- En faisant miroiter (différentes brillances dû à la différence d'indices et de densité des 2 matières),
- Indice de la table (grenat : n = 1,76),
- Indice de la culasse (verre : n = 1,47 – 1,70)

Les doublets émail

Ils ont été inventé vers 1900 pour imiter l'émeraude, même principe de collage : verre, puis quartz, béryl, spinelle synthétique (en fait, n'importe quelle pierre incolore)[12]. Entre la pierre et le verre, ou entre les deux matières, se trouve une couche d'émail coloré qui va donner sa couleur à la pierre.

Pour l'émeraude, on a pris du béryl incolore[13].

On les reconnaît en mettant la pierre de profil et là, on voit une ligne verte (pour l'émeraude), de la couleur de l'émail. En la trempant dans de l'eau, la pierre devient transparente et ne reste que la ligne que l'on peut voir par effet d'optique.

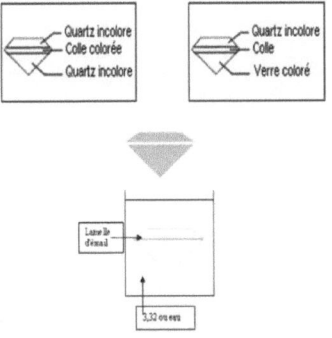

Figure 57 - Création d'un doublet émail

---

[12] Le spinelle naturel n'existe pas en incolore

[13] L'émeraude fait partie de la famille du béryl

Selon la nature de la pierre utilisée, on verra :

- Spinelle synthétique : bulles et indice de 1,72
- Verre : bulles et indices de 1,47 à 1,70
- Quartz, béryl : inclusions caractéristiques et indices de 1,55 à 1,60

Les doublets corindon fin-corindon synthétique

Ces doublets ont été inventés pour imiter les rubis, saphirs et autres corindons de couleurs.

Ils sont fabriqués, tout comme les autres doublets, de 2 parties :

- La table en corindon naturel,
- La culasse en corindon synthétique

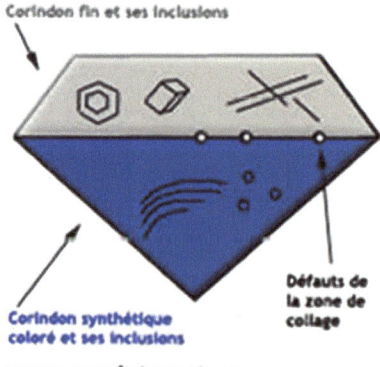

Figure 58 - Doublet corindon fin - corindon synthétique et ses inclusions

Nous avons vu que le corindon naturel et le corindon synthétique ont les mêmes propriétés physique, chimique et optique. La mesure des indices de réfractions de la table et de la culasse ne révèlera donc pas la supercherie.

Pour les mêmes raisons, on ne verra pas de différence de lustre ou de brillance entre les deux parties que ce soit dans l'air ou dans l'eau.

Une observation trop rapide des inclusions de la partie supérieure et naturelle de la pierre (la table) peut amener à se méprendre quant à la réelle nature de cet assemblage (surtout en cas de montage en sertis-clos).

Une pierre s'observe toujours par tous les côtés et en la faisant tourner à 360°. Souvent ces doublets ont une table très fine presque plate et le joint entre les deux parties et formant le rondiste est assez épais.

Les doublets ou triplets d'opale

L'opale se trouve sous forme de veines plus ou moins épaisses. Si la veine se trouve être juste en surface, donc relativement fine, pour pouvoir l'exploiter et la mettre sur un bijou, il faut lui donner de l'épaisseur. La lamelle d'opale est alors collée sur une couche de verre ou de pierre incolore pour lui donner de la profondeur puis sur une couche de pierre noire de type onyx, verre ou même plastique noir pour bien faire ressortir les feux de l'opale.

Les différentes épaisseurs peuvent se voir très facilement en prenant la pierre de profil. Dans les triplets, la couche d'opale sera très mince, alors qu'elle aura une bonne épaisseur dans les doublets.

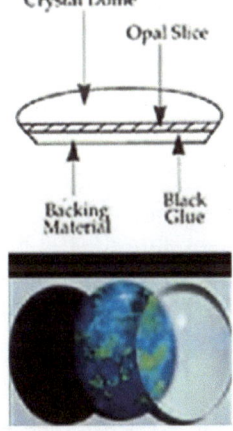

Figure 59 – Composition d'un Triplet d'opale

Les synthèses du diamant

Le diamant, par sa rareté et son prix a été l'une des pierres les plus imitées. Il y a eu, toutefois, beaucoup de tentatives infructueuses pour synthétiser le diamant. Les 1ères synthèses HPHT (Haute Pression, Haute Température) datent de 1952 :

- Par une mise en solution du carbone,
- Chauffage à HPHT
- Avec adjonction de catalyseurs : Fe, N, Co, Mn (fondus),

La source du diamant synthétique reste le carbone.

On obtient :

- Des cristaux industriels : jaune voire incolore,
- Des diamants bleus par l'ajout de bore,
- Toutes les couleurs en cumulant synthèses et traitements.

Ces diamants de synthèses ont des inclusions bien particulières :

- Résidus de solvants magnétiques,
- Points,
- Effet Mie de pain,
- Figure de luminescence au Diamond View,
- Pas de luminescence bleue au Diamond Sure (pas d'agrégations d'azote)

CVD (Chemical Vapor Deposition)

Les CVD sont des diamants synthétiques fabriqués par dépôts chimiques en phase vapeur, ce traitement date de 1952. Cette synthèse connue en 1985 une forte exploitation. Elle a été mise au point par 2 entreprises : "Apollo Diamond" et "Element Six".

Le procédé est le suivant :

- Apport de gaz méthane ou hydrogène sur une poche à plasma,
- Précipitation sur un germe,
- Chauffage à une température de 800 à 1.000°C (100 micromètre / h).

Les diamants synthétiques créés à partir de ce procédé sont plats et légèrement bruns à incolores.

La différence entre les diamants naturels et les diamants de synthèse ne peut se faire qu'en laboratoire et grâce à des appareils bien spécifiques. Ils sont identifiables grâce à certaines particularités :

- Des zonations de couleurs,
- Des zones de croissance inconnues,
- Une double réfringence anormale au polariscope,
- Une luminescence orange faible.

Pendant longtemps, les diamants de synthèse étaient trop onéreux à produire pour la bijouterie-joaillerie. Ils restaient donc à l'usage exclusif de l'industrie qui ne nécessitaient pas forcément une gemme pure ni une couleur bien définie. Les techniques se sont améliorées la couleur a été affinée et les impuretés tendent à disparaître tout en ayant un prix qui devient raisonnable.

Les diamants de synthèse sont maintenant sur le marché des gemmes.

* * *

Chaque jour de nouvelles synthèses voient le jour. Et chaque jour, sont inventés des procédés nouveaux pour détecter ses nouvelles synthèses. C'est pourquoi reconnaître les inclusions des pierres naturelles est très important.

Une pierre pure doit toujours être regardée avec beaucoup de réserve et de méfiance. Il existe aussi des synthèses ultra pures. De plus, une petite pierre n'est pas forcément une pierre naturelle et une grosse pierre n'est pas forcément une pierre synthétique.

***

LES TRAITEMENTS

Il existe de nombreux traitements dont certains sont dits ancestraux. Certains fragilisent et peuvent même modifier légèrement la structure interne d'une pierre. Mais dans tous les cas, c'est pour rendre la pierre plus belle et plus valeureuse. Nous allons voir ci-après un certain nombre de ces traitements.

Qu'est-ce qu'un traitement ?

Un traitement est un procédé physique ou chimique utilisé pour améliorer la couleur, la pureté, la clarté d'une pierre naturel. Ces traitements peuvent être :

- Avec apport de matière, ou
- Sans apport de matière

Quel que soit le traitement, il doit être mentionné sur le certificat ou le bon d'achat. C'est une des recommandations du décret de 2002 sur le traitement et l'appellation des gemmes.

Souvent les traitements sont le résultat d'expériences ou de tests et parfois aussi le fruit du hasard.

Chaque jour, ou presque, de nouveaux traitements sont mis au point et la science est sans cesse en "recherche" de nouveaux moyens pour détecter ses traitements. Les traitements ne sont pas indifféremment utilisés, certains sont spécifiques à un type de gemmes. Les traitements ne sont pas interchangeables, de plus les résultats varient selon les pierres.

Traitements par apport de matière

Dans les traitements par apport de matière, on ajoute, ou retire, quelque chose à la gemme pour améliorer sa couleur ou sa pureté, cela peut être :

- De la teinture,
- Un enrobage au dépôt,
- Un emplissage d'huile (liquide),
- Un emplissage au verre (solide),
- Un stabilisateur,
- Une élimination des inclusions au laser,
- Une diffusion d'autres éléments chimique,
- Une reprise de croissance, ...

Nous allons voir un peu plus en détail certains de ces traitements.

Huilage et résinage

Ces deux procédés ancestraux sont pratiqués plus particulièrement sur les émeraudes.

Les émeraudes sont des pierres fragiles : de faible dureté (7,5), faible résistance à la chaleur et aux acides. De plus, les émeraudes sont souvent naturellement fracturées ce qui leur donne une faible résistance aux chocs. Aussi le seul moyen de les "embellir" était de rajouter quelque chose.

Tout d'abord, les émeraudes étaient huilées afin de combler les fractures naturelles et ainsi améliorer sa couleur.

Avec l'évolution des techniques, les émeraudes ont été ensuite résinées pour les mêmes raisons, de plus, la résine est un traitement plus durable, contrairement au huilage. Le résinage se fait avec, soit des résines incolores, qui vont combler les fractures, leur donnant un aspect uniforme ; soit avec des résines colorées, afin d'améliorer la couleur.

Pour ce procédé ont été utilisées des résines naturelles-organiques ou des résines chimiques-plastiques. Dans les deux cas, ces résines durcissent en augmentant détériorant parfois la pierre déjà fragilisée par ses fractures.

Apports d'éléments chimiques

Certaines gemmes sont traitées avec un apport d'élément chimique.

    a) *Rubis "Glass Filled" ou "Lead Glass Filled"*

Les rubis utilisés dans ce type de traitement sont chargés en inclusions et fracturés.

Au départ, les rubis étaient juste chauffés, le borax étant utilisé comme isolant pour chaque pierre. Or la solution de borax utilisée a une température de fusion inférieure à celle du corindon. Si les rubis sont fracturés, ce borax liquide va pénétrer dans les fractures. En se solidifiant et en refroidissant il va donner un aspect vitreux à la pierre.

Ce borax est un minéral, un minerai de bore (borate de sodium) utilisé comme flux dans la fusion et la soudure de métaux. On lui adjoint du plomb et on l'injecte à chaud dans les pierres, d'où le nom de "*Rubis au plomb*" ou "*Rubis Lead glass filled*". Ils se reconnaissent à la différence de brillance ainsi qu'au "flash bleuté" à l'intérieur de la pierre.

b) Saphirs au Béryllium

Certains saphirs blancs sont traités par apport de Béryllium.

Les saphirs au béryllium sont également le résultat d'une expérience qui a mal tourné ou plus exactement d'une erreur de manipulation. Il est raconté que les saphirs avaient été mis à chauffer dans un creuset mal nettoyé, lequel contenait un reste de chrysobéryl. Le corindon et le chrysobéryl ont la même température de fusion. En fondant le chrysobéryl s'est infiltré au cœur du corindon changeant ainsi sa structure atomique. Le résultat obtenu étant assez réussi, ce procédé de "hasard" est devenu un nouveau traitement pour des saphirs blancs dit "geuda" afin de les rendre jaune-orangé, voire même vert selon que le chauffage soit fait en atmosphère oxydante ou réduite en oxygène.

A présent, les saphirs subissent ce traitement régulièrement. Ce procédé est stable est irréversible. De plus, il n'est pas détectable avec des outils standards de Gemmologue. Ils nécessitent des analyses chimiques plus poussées. Les couleurs issues de ce procédé ne sont pas des couleurs que l'on trouve naturellement dans la nature et en abondance.

La rareté de cette couleur naturelle a éveillé la curiosité des gemmologues devant l'afflux important de ces saphirs jaunes sur le marché. C'est ainsi que l'origine de ce traitement a été découverte.

Traitements sans apport de matière

Il y a d'autres traitements ne nécessitant pas d'apport de matière, tels que :

- Chauffage aussi appelé traitement thermique,
- Traitement HTHP (Haute Température, Haute Pression),
- Irradiation,
- Fissurage, rubassage,
- Blanchiment

Chauffage

Les températures de chauffage varient selon la nature de la pierre.

La tanzanite peut-être chauffée à basse température, 180°-200° et change de couleur, d'autres comme les corindons ont besoin de températures plus importantes, au moins 1000°.

Les pierres telles que les corindons supportent bien la chaleur. Ils sont chauffés pour intensifier ou diminuer la couleur. S'ils sont mis en atmosphère réduite en oxygène, la couleur sera diminuée alors qu'en présence d'oxygène, la couleur sera intensifiée.

Le chauffage est utilisé pour améliorer la couleur, mais également la pureté par dissolution de certaines inclusions, voire même augmentation de certaines inclusions comme les aiguilles de rutile afin de créer un astérisme.

- Les *saphirs australiens*, qui sont très foncés, sont chauffés afin d'éclaircir la couleur et supprimer le vert. Un saphir australien bleu foncé, même après chauffage, ne deviendra jamais bleu clair. C'est le fer qui donne au saphir sa couleur bleu sombre et, à ce jour, on ne sait pas extraire les atomes de fer. Il faudrait dépasser la température de fusion du corindon et mettre en présence de ce cristal en fusion une sorte d'aimant à fer pour retirer le fer, mais là, ça devient compliqué. Le fer n'ayant pas la même température de fusion. Je suis sûre que certains chimistes fous ont déjà tenté l'expérience. De plus, le changement de couleur du saphir peut être dû à un phénomène de valence, c'est-à-dire que les éléments chromogènes deviennent actifs quand ils sont excités par une source de chaleur ou de lumière.

- Les *saphirs de Ceylan*, qui sont très clairs, sont chauffés afin d'intensifier la couleur.

- Les *tourmalines* sont chauffées pour intensifier ou changer la couleur. Le chauffage peut supprimer le pléochroïsme, comme par exemple dans les indicolites (tourmaline bleue).

- Les *kunzites* sont chauffées pour modifier la couleur.

- Les *améthystes* sont chauffées pour intensifier ou changer la couleur. Par chauffage dès 300°, l'améthyste peut se transformer en citrine, si elle est chauffée davantage, à 400°-450°, elle peut alors se transformer en prasiolite verte, encore plus chauffée, elle deviendra laiteuse.

- Les *tanzanites* sont chauffées pour améliorer ou changer la couleur, voire l'unifier comme par exemple des tanzanites bicolores vertes et bleus, lors d'un chauffage, le vert va disparaître et le bleu va s'unifier dans la pierre.

- Les *zircons* sont chauffés pour changer la couleur, les faire devenir incolore ou bleus.

- Les *apatites* sont chauffées pour supprimer le vert bouteille et les rendre bleu canard ou menthe à l'eau.

Les températures de chauffage des pierres varient selon la nature même de la pierre :

- Les *corindons* seront chauffés entre 1000° et 1900°C,
- Les *zircons* seront chauffés entre 1000° et 1200°C,
- Les *apatites* seront chauffées à 600°C,
- Les *tourmalines* seront chauffées entre 400° et 600°C,
- Les *améthystes* seront chauffées entre 300° et 500°C,
- Les *kunzites* seront chauffées environ 200°C,
- Les *tanzanites* seront chauffées dès 90° ou 100°C.

Voir l'annexe "Tableau de température de chauffe pour les corindons".

Irradiation

Certaines pierres sont naturellement irradiées, tels que l'améthyste ou le quartz fumé ou encore le zircon, d'autres subissent une irradiation par procédé, c'est le cas de la topaze bleue. Ce procédé n'est pas dangereux pour la santé puisque les pierres subissent des rayons gammas. Ce procédé est alors irréversible et stable.

Les **topazes** n'ayant pas une belle couleur (incolore ou grisâtres) sont irradiées puis chauffées pour leur donner une couleur bleue stable ("Swiss blue", ou "London blue").

Topaze Swiss Blue   Topaze London Blue

Figure 60 - Topazes bleues irradiées – "Swiss Blue" et" London Blue"

Pour la petite histoire, j'ai demandé à mon professeur à Bangkok pourquoi les topazes bleues étaient appelées tantôt "Swiss Blue" et tantôt "London Blue". Il m'a répondu :

"Le ciel de Suisse est toujours bleu et le ciel de Londres et toujours gris, alors…"

Cette explication en vaut bien une autre.

Plus prosaïquement, la différence de teinte de bleu correspond à la durée et à l'intensité de l'irradiation.

Les *saphirs de Ceylan*, s'ils sont irradiés seulement, ont leur couleur qui change et passe du blanc au jaune. Ce procédé est instable et leur couleur fâdit avec la lumière, le processus peut être inversé.

Le *diamant* peut être traité ainsi par l'envoi de rayons gamma d'un faisceau ionisant qui va faire réagir les éléments chimiques internes :

- par accélération de particules ;
- modification de la structure interne du diamant,
- action sur les lacunes cristallines,
- action sur les défauts interstitiels …

Le traitement par irradiation peut être cumulé avec du chauffage pour stabiliser la couleur que ce soit pour les diamants ou les saphirs ou encore toutes pierres ayant bénéficiées d'une irradiation.

L'irradiation cumulée au chauffage peut changer les diamants incolore/brun en diamants bleus et verts. Les pierres traitées ne sont alors plus réactives ou radioactives.

Détection de ces traitements

Ces traitements peuvent être détecté notamment dans le diamant par :

- La présence dans la colette d'une coloration plus intense,
- Un effet paratonnerre,
- Un pic à 595 nm lors de l'observation du spectre,
- Luminescence concentrée aux arêtes.

Dans les pierres de couleurs, ces traitements peuvent être identifiés grâce aux inclusions qui ont pu "éclater" lors du chauffage. L'inclusion d'un cristal à l'intérieur de la gemme ayant fondu, une auréole comme celle que l'on pourrait faire sur un plan d'eau en envoyant un objet. Ou encore les aiguilles de rutile des saphirs se dissoudre partiellement en transformant les aiguilles en ligne en pointillés.

De plus, les inclusions paraissent plus sèches, mais là, c'est purement subjectif...

Traitement du diamant

Les diamants, en plus de l'irradiation peuvent subir d'autres traitements, et notamment des traitements qui leur sont bien spécifiques, tels que :

- Le traitement HPHT (Haute Pression, Haute Température),
- Le remplissage des fractures,
- Le traitement au laser,
- Le traitement par enrobage,
- Le traitement par graphitation.

Nous allons les détailler afin de mieux les comprendre.

Traitement HPHT

Ce traitement va créer un retour aux conditions de formation primaires du diamant.

Les diamants synthétiques marron suite à un traitement HPHT vont subir une sorte de "manipulation génésique" qui va entraîner une recristallisation totale. Lors de ce procédé les atomes vont se réorganiser et les diamants synthétiques vont ainsi devenir jaunes ou vert. Ce traitement est impossible à discerner à l'œil nu et nécessite des outils complexes que l'on ne trouve qu'en laboratoire puisque la transformation s'est effectuée au niveau atomique.

Remplissage des fractures

C'est l'un des traitements les plus anciens. Ce type de traitement se fait au verre au plomb (bismuth, brome), tout comme pour les corindons, les diamants sont chauffés et ce verre au plomb (bismuth ou brome) en se liquéfiant, va s'infiltrer dans les fractures apparentes entraînant la disparition apparente de ces fissures.

Ce traitement connaît un problème de durabilité. Il est décelable par de petits flashes apparaissant en surface.

Les diamants ainsi traités ne peuvent être gradués. De plus, on peut voir une ligne blanche à la surface du diamant.

Traitement au laser

Ce traitement se fait par forage jusqu'à l'inclusion, il y a ensuite une décoloration à l'acide et un remplissage au verre liquide.

Cette technique est détectable grâce au forage visible à la surface ainsi qu'à la différence de brillance des deux matières.

Les diamants ayant subi ce traitement peuvent être gradés en couleur.

Ce traitement est destructeur pour la pierre puisque la pierre est perforée.

Traitement par enrobage

La pierre taillée est recouverte d'un film coloré de quelques microns (fluorite avec particules métalliques). Il se voit à l'absence du film sur certains côtés.

Traitement par graphitation

Par chauffage, on obtient un diamant noir en surface.

Certaines pierres ne supportent pas le chauffage

Tous ces traitements fragilisent la pierre et peuvent la détériorer. Certaines pierres ne supportent pas la chauffe et se délitent, c'est le cas de toutes les pierres hydrothermales telles que les émeraudes pour lesquels le seul traitement possible et le huilage ou résinage.

D'autres pierres ne réagissent pas à la chauffe, leur couleur n'évolue pas, par contre, la chauffe intervient sur leurs inclusions en les dissolvants. C'est le cas du grenat.

***

LE VERRE

Le verre est une substance amorphe et donc non cristallisée. Son agencement interne est dû à un refroidissement trop rapide pendant lequel les atomes n'ont pas eu le temps de s'organiser pour s'organiser.

L'appellation "*verre*", regroupe le verre naturel et le verre artificiel, omniprésent dans notre vie. Nous allons voir la différence entre les deux.

Le verre naturel

Il ne faut pas confondre les verres artificiels avec les verres naturels tels que la moldavite et l'obsidienne. L'indice de la moldavite va de 1,480 à 1,510 et celui de l'obsidienne va de 1,450 à 1,550.

L'obsidienne, est un verre de lave rhyolitique, né suite à une intrusion volcanique où la lave s'est cristallisée au contact plus froid de l'air. Ces verres naturels vont se trouver dans les régions volcaniques et affleurant sur les flancs des volcans. Elles ont un aspect vitreux et brillants souvent noirs à bruns.

Les moldavites sont des verres d'impact. C'est au contact violent d'une météorite que les terrains ont fusionné partiellement et explosé en disséminant des petites gouttelettes de verre.

Le verre artificiel

Il y a de nombreuses compositions différentes, mais toutes sont issues de la même base.

Le verre est une pâte de silice à laquelle on ajoute des oxydes alcalins (oxyde de potassium et de sodium), des oxydes de calcium et des oxydes de plomb en quantité variable. Sa composition chimique fera varier l'indice de réfraction (de 1,440 à 1,700 voire plus).

Le plus souvent, les verres sont fabriqués à partir de silice, potasse soude et chaux. Dans les verres au plomb, on remplace la chaux par de l'oxyde de plomb. Ces verres vont avoir des indices de réfraction et une densité plus élevés. Seul un verre ayant plus de 17% de plomb aura droit à l'appellation "*cristal*" dans le commerce. Le plomb va lui donner la transparence et l'éclat. Le plomb va également attendrir le verre et faciliter la gravure sur verre.

Pour obtenir un verre bleu, on ajoute du cobalt. Avec de l'oxyde de chrome on aura un verre de couleur verte.

Les verres fabriqués à partir de pierres naturelles fondues n'auront pas les mêmes caractéristiques optiques que la pierre dont ils sont issus :

- Les verres au béryl fondu ont un indice de réfraction de 1,515 et leur densité de 2,44 (l'indice du béryl est de 1,57 environ et sa densité est de 2,68 à 2,87).

- Les verres fabriqués à partir de quartz fondu ont un indice de réfraction de 1,460 et une densité de 2,21 (l'indice du quartz 1,54 – 1,55 et sa densité est d'environ 2,65).

Les verres à partir de béryl et de quartz fondus ne sont pas anisotropes et perdent toutes propriétés cristallines. Bien qu'étant fabriqués à partir de pierres naturelles *ce sont* des verres artificiels.

Le verre est isotrope, il n'a qu'un seul indice de réfraction tout comme les gemmes du système cubique et les matières organiques auxquelles il est souvent assimilé.

Au polariscope : il ne rétablit pas ou fait des anomalies (centre sombre-bord éclairé, anomalies en croix,…).

Le verre peut imiter toutes les pierres, toutes les matières et se trouve dans toutes les couleurs de transparente ou opaque.

Les premiers objets en verre jamais trouvés, sont des perles en pâte de verre égyptiennes remontant à 2500 ans avant notre ère. Il a également été trouvé en Mésopotamie, des baguettes de verre qui pourraient bien être plus anciennes encore.

Les procédés de fabrication du verre ont évolué avec le temps et les techniques, même si le principe est resté fondamentalement le même.

Le verre est désormais omniprésent. Incolore ou teinté, à l'état massif ou de tiges, de fibres, en plein jour ou à l'abri des regards, dans les câbles immergés au fond des océans ou noyés dans une résine organique. Le verre est présent dans tous les pans de la vie moderne.

Méthodes d'identification

Le verre peut se reconnaître grâce à :

- Ses inclusions : bulles, traces de fusion, zones courbes, traces sirupeuses.
- Son aspect : toucher épais, cassure conchoïdale brillante, arêtes molles quand la pierre est facettée.

***

Partie 3
La Taille, le marché des pierres

LA TAILLE DES PIERRES

Choix du brut

Avant d'envisager de tailler, il faut pouvoir choisir un brut. Le choix d'un brut n'est pas une science exacte. De plus, l'achat d'un brut sur la mine n'est pas toujours un gage d'authenticité. Il a été vu des synthèses façonnées comme un brut et vendues pour du brut naturel et véritable directement à la sortie de la mine.

Même un œil averti peut se laisser tromper.

Pour bien choisir un brut, il faut pouvoir le regarder à l'aide d'une torche puissante, dont la lumière pourra transpercer la gangue la recouvrant. Si le brut semble ne pas avoir de gangue de roche, la torche permettra alors de repérer sa pureté réelle ainsi que la proportion d'inclusions l'habitant. Idéalement, il faudrait pouvoir laver le brut à l'eau et au savon en le frottant un peu pour enlever le surplus de terre et autres. Mais lorsque vous êtes sur la mine, vous n'avez pas forcément le matériel.

Dans la trousse à outils de voyage du gemmologue, j'ai oublié la petite bouteille d'eau pour rincer les pierres, mais également pour repérer un éventuel astérisme dans les corindons.

Figure 61 - Présence d'une chatoyance dans un brut de saphir révélée par une goutte d'eau

La forme cristalline est importante pour le choix d'un brut, même si le plus souvent, le brut n'est pas forcément dans sa forme cristalline pure, puisque l'on peut trouver des bruts dont le cristal a été égrisé ou concassé, voire même roulé. C'est-à-dire que l'endroit où ce brut roulé a été trouvé n'est pas forcément sur le lieu d'origine du gisement, comme nous l'avons vu dans la partie sur La formation des roches.

Les différents types de taille

La taille définitive d'une pierre va dépendre de la forme du brut, soit la forme du "caillou" que l'on a en main, mais également du potentiel que renferme ce brut :

- Est-il très inclus ?
- Qu'elle est sa proportion de qualité gemme ?
- Comment est sa couleur ?
- Y-a-t-il des puits de couleurs ?

Avant toute décision de taille, spécialement dans un gros brut assez inclus, il faut pratiquer ce que l'on appelle une "fenêtre". C'est-à-dire une sorte de "trou" dans la pierre pour voir si la lumière passe/traverse la pierre et si elle a du potentiel pour être taillée.

Suite à cette fenêtre, on pourra estimer la forme achevée de la pierre taillée.

Si le brut est parfait dans sa forme cristalline, on pourra alors tailler la pierre selon :

- Cubique : la taille brillant est presque faite,
- Hexagonal : la taille émeraude
- Ou toute autre taille s'adaptant à la forme du brut

Il y a 2 types de taille générique :

- Soit il est gardé le **maximum de matières**,
- Soit il est gardé le **maximum de couleur,**

Ce qui va parfois donner des tailles disproportionnées, ou favoriser les tailles dites "fantaisies".

L'idéal étant de trouver le juste milieu entre les deux. Une taille déséquilibrée va déprécier la pierre.

J'ai vu un diamant dit de 2 carats en taille brillant, donc assez imposant, monté haut sur griffe, mais plat comme une galette, il n'avait pas de culasse ou quasiment et ne faisait en réalité que 1 voire 1,5 carats pas plus. L'illusion était parfaite et au doigt de la dame, il était sublime tant que l'on ne regarde pas de trop près. Pour l'expert, cette taille disproportionnée dévalue le diamant, mais également lui enlève de la brillance et des feux comme nous le verrons plus loin dans la partie sur Les angles de taille selon les pierres.

Lors de la détermination de la taille, il y a plusieurs paramètres à prendre en compte. La forme du brut en est un, mais également la façon dont la lumière joue dans la pierre, si elle a du dichroïsme ou du trichroïsme, ou si elle est isotrope.

Comme nous l'avons vu précédemment, le dichroïsme et, donc, le sens de croissance va être déterminant pour la taille. Car il est vrai que certaines tourmalines vertes peuvent paraître noires si elles ne sont pas taillées dans le sens de l'axe optique.

Ensuite, il faut déterminer la taille la plus appropriée, il y a plusieurs tailles ou types de tailles différentes, voici les plus courantes :

- Taille brillant : rond,
- Taille coussin : carré,
- Taille marquise : ovale, navette,
- Taille briolette : poire, goutte,
- Taille troïda : triangle,
- Taille émeraude : rectangle,
- Taille cabochon,
- Taille rose,
- …

Cette liste n'est pas exhaustive aussi voir la liste des différentes tailles de pierres en annexe Différents types de taille pour les pierres.

Pour ne parler que des plus connues, les autres découlent de celles-là (des formes de base). Ces tailles sont classées et réglementées. Elles répondent à des critères précis.

Les angles de taille selon les pierres

Une taille est définie par des angles bien précis, lesquels dépendent de la densité et de la réfraction de la lumière dans la pierre.

La taille "brillant" a 57 facettes. C'est la forme idéale pour tailler les diamants, aussi souvent le terme "brillant" est assimilé au diamant.

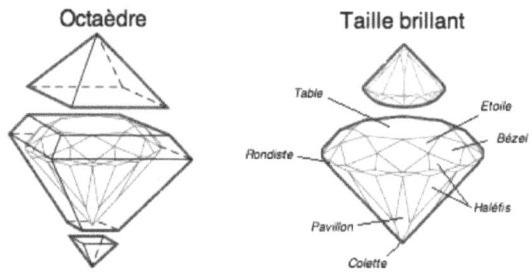

Figure 62 - Taille moderne du diamant et le nom de ses facettes

Pour être appelée "taille brillant", il faut que la pierre ait 57 facettes en taille moderne. Cette taille "brillant" est une taille bien spécifique dont chaque facette porte un nom. Cette taille peut être utilisé pour tous types de pierres, c'est d'ailleurs celle qui est la plus communément utilisée. Le nombre de facettes ne varie pas, par contre les angles de taille vont être différents selon les pierres, exemple :

- Quartz, angle de 42° ;
- Corindon, angle de 39°-40° ;
- Péridot, angle de 41° ;
- Tourmaline, angle de 41°-42° ;
- Zircon, angle de 37°-38° ;
- Diamant angle de 32°.

Si les angles ou les proportions ne sont pas respectés, la brillance sera moins importante car le passage de la lumière au travers de la pierre ne sera pas optimisé.

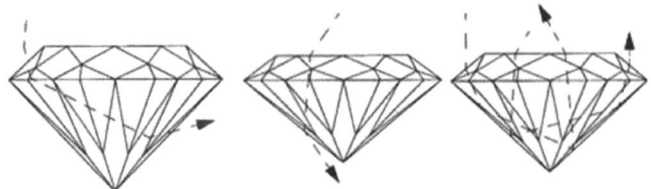

Figure 63 - réfraction de la lumière dans une taille "brillant"

Dans une pierre trop culassée (la première à gauche sur la Figure 63 (ci-dessus), la lumière circule mais ressort sans être réfléchie, tout comme dans une pierre pas assez culassée (la deuxième au centre sur la Figure 63 (ci-dessus). Quand les proportions sont bien respectées, la lumière circule et est réfléchie comme sur les faces d'un miroir (la troisième à droite sur la Figure 63 (ci-dessus). Cette dernière est la taille parfaitement proportionnée.

Il existe des tableaux reprenant les angles de taille en fonction des pierres, de leur dureté et du type de taille que l'on veut obtenir.

Les pierres se taillent en fonction de leur dureté, les plus dures rayent et peuvent tailler les plus tendres. La dureté se mesure sur une échelle. L'échelle de Mohs, du nom de celui qui l'a mise au point. Cette échelle est la suivante, la plus tendre étant le talc et la plus dure étant le diamant, sachant que le verre a une dureté de 4 à 6,5.

1. Talc
2. Gypse
3. Calcite
4. Fluorite
5. Apatite
6. Orthose
7. Quartz
8. Topaze
9. Corindon
10. Diamant

Les lapidaires expérimentent toujours de nouvelles tailles. En effet, pour des pierres plus importantes, le lapidaire voudra à la fois garder un maximum de matière et produire un maximum de couleur. Ou encore, il voudra garder son élément caractéristique, à savoir l'inclusion parfaite.

Techniques de taille

La taille d'une pierre se déroule en 3 étapes et partent du brut :

1. **L'ébruttage** : consiste à extraire la gemme de sa gangue de roche. C'est à ce moment que l'on pratiquera des fenêtres dans la pierre pour voir passer la lumière.

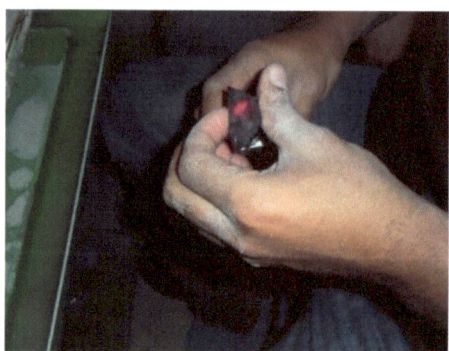

Figure 64 - Observation d'une fenêtre dans un brut de grenat

2. **Le préformage** : consiste à donner à la pierre l'idée de sa forme finale (rond, carré, ovale, rectangle, triangle...)

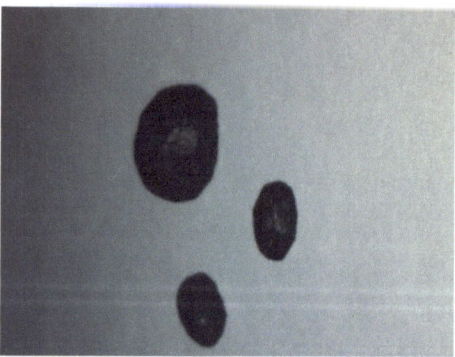

Figure 65 - Saphirs préformés en cabochon et faisant apparaître une chatoyance

Ces deux opérations peuvent être assimilées, tout dépend du brut d'origine, de sa pureté et s'il est ou non dans une gangue de roche.

L'ébruttage n'est pas forcément toujours nécessaire. Sur un brut cristallin, la partie ébruttage n'est pas indispensable, par contre le préformage est indispensable pour avoir une idée du facettage final.

3. **Le facettage** : va donner à la pierre sa forme définitive. On utilisera alors le calcul des angles pour facetter notre pierre.

Figure 66 - Pierre facettée devant être polie

La toute dernière étape consiste à polir la pierre. Cette opération se réalise simultanément au facettage. Une fois qu'un côté de la pierre est facettée, pour éviter de perdre ses angles de facettage, on procède au polissage des facettes taillées, en changeant juste les meules tournantes de la facetteuse.

Une fois cette opération terminée, on procède à un "*transfert de dop*", ce qui veut dire basculer la pierre sur un autre support afin de pouvoir procéder au facettage de l'autre côté de la pierre. Et par la suite au polissage de ce côté-là.

Notre pierre est terminée, elle est prête à être montée en bijoux ou simplement à être gardée et regardée par le collectionneur !

***

CLIVAGE, CASSURE ET DURETÉ

Il y a trois points déterminants lors de la taille des gemmes, si on ne les maîtrise pas, l'opération de taille peut s'avérer ardue. Ce sont les plans de clivage, les cassures et la dureté de la pierre.

Clivage – Plans de clivage

Les pierres sont plus ou moins dures, mais elles ont des zones de fragilités que l'on appelle "plans de clivage". Ces endroits bien particulier dans la pierre sont des plans de réparation moléculaires structurels que l'on veut réparer et qui va cliver, c'est-à-dire diviser. Sans ces plans de clivage, certains cristaux, comme le diamant, seraient plus difficiles à tailler.

Pour le diamant, par exemple, qui est la matière la plus dure que l'on connaisse, le plan de clivage permet la division mécanique du cristal et permettre une coupe facilitant la taille de la pierre.

Il est important de connaître où se situent ces plans de clivage afin d'éviter les chocs, notamment lors du sertissage des pierres.

Pour qualifier ces plans de clivage, les termes "parfait", "imparfait" et "nul" vont être utilisés.

Le plan de clivage est :

- Un point de fragilité de la pierre,
- Une zone structurelle,
- Parfois visible,
- Un lieu de moindre dureté

Ces plans de clivage varient en fonction de l'espèce cristalline.

Nous avons vu précédemment, les axes, centres et plans de symétrie dans la partie sur Les éléments de symétrie et conformément au tableau de l'annexe Éléments de symétrie dans les systèmes cristallins.

Ces plans de clivage vont être sur les plans de symétrie (plans principaux, verticaux ou diagonaux) des cristaux.

Certaines gemmes comme les pierres du système triclinique telles que la turquoise, la rhodonite, n'ont pas de plans de clivage, on va alors parler de plans de clivage nuls, mais leur faible dureté va permettre quand même de les tailler avec une matière plus dure qu'elles. Souvent ce sera des meules imprégnées d'une sorte de pâte faite de poudres abrasives de quartz ou de corindons. Pour mémoire le quartz a une dureté de 7 et le corindon une dureté de 9.

Cassure

La cassure, du moins l'aspect de cette cassure dans un minéral, est révélatrice de l'espèce minérale. Il existe différents types de cassure :

- *Conchoïdale*, signifiant "qui a la forme d'un coquillage". C'est un type de cassure que l'on trouve notamment dans le verre artificiel ou naturel.

- *Esquilleuse*, à l'image d'un os fracturé. Ce type de cassure se trouvera dans des minéraux à faible clivage, c'est le cas par exemple du péridot. Cette cassure peut-être nette dans le cas d'un minéral possédant un clivage parfait.

- *Parting* ; c'est le type de cassure que l'on va trouver sur des minéraux maclés et dont la cassure se trouve sur le plan de mâcle.

Ces cassures sont un indice d'identification supplémentaire à l'expertise des gemmes. Mais elles déprécient également la pierre quand celle-ci est taillée, surtout sur les arêtes. C'est pourquoi il est recommandé d'emballer les gemmes séparément dans des plis spécifiques.

Dureté

Comme nous l'avons vu précédemment dans la partie sur Les angles de taille selon les pierres, les cristaux ont chacune une dureté propre, laquelle se mesure sur une échelle, l'échelle dite de Mohs du nom de celui qui l'a inventée et mise au point.

L'échelle de Mohs

1. talc
2. gypse
3. calcite
4. fluorite
5. apatite
6. orthose
7. quartz
8. topaze
9. corindon
10. diamant

Quelques repères

- l'**ongle** raye les minéraux de **dureté 1 à 2**
- le **canif** raye tous les minéraux de **dureté inférieure à 4**
- l'**acier trempé** raye les minéraux de **dureté inférieure à 5**
- le **verre** raye les minéraux de **dureté inférieure à 7**

Figure 67 - échelle de dureté de Mohs et quelques repères de dureté

***

LE MARCHÉ DES PIERRES

Cette dernière partie parle du marché des pierres sans toutefois donner de cotation ni de grilles tarifaires. Ces grilles tarifaires évoluent et changent tellement vite qu'elles deviennent vite obsolètes. Cette dernière partie explique ce qu'est le marché des pierres : pays producteur et pays fournisseurs,

Nous avons vu qu'il y a de nombreux pays producteurs de pierres. Les plus importants étant :

- Brésil,
- Madagascar,
- Sri-Lanka,
- Asie
- Mais, ce ne sont pas les seuls…, beaucoup de pays d'Afrique, l'Afghanistan et le Pakistan ainsi que les Etats-Unis et, de manière très marginale, la France avec encore quelques mines peu ou pas exploitées.

Il existe des particularités plus régionales tels que :

- *Anvers*, qui n'est pas un "pays" producteur, mais une plaque tournante pour le commerce du diamant.

- *Delhi* est également une plaque tournante pour le commerce et la taille du diamant. Delhi, tout comme Anvers, possède un centre de taille et d'étude du diamant.

- *Bangkok* est un lieu stratégique pour le commerce des pierres et notamment des pierres de couleurs, la Thaïlande étant également un pays producteur de saphir et de rubis. Bangkok est considérée comme l'épicentre du traitement par chauffage des pierres, notamment des corindons.

- *La Birmanie* est connu pour son marché de jade. Marché où l'on ne peut aller que sur invitation expresse. Mais est également connue et reconnue pour la qualité de ses rubis, les très fameux rubis "sang de pigeon" des mines de Mogok.

- *La Colombie* tient sa réputation des émeraudes qu'elle produit. C'est en Colombie que l'on trouve les plus beaux spécimens et historiquement c'est de là que proviennent les plus beaux échantillons.

- *L'Australie,* pour deux excellentes raisons : premier producteur d'opale, les plus belles viennent d'Australie, mais également renommée pour ses diamants roses venant de la mine d'Argyle, à ce jour, seul gisement de diamant rose.

- *New-York*, qui n'est absolument pas une région productrice de pierres d'aucune sorte, mais est toutefois une plaque tournante importante de l'Amérique du Nord pour le commerce et la taille du diamant.

Le commerce des pierres de couleur est aléatoire. Il dépend de l'offre et de la demande et peut sembler arbitraire aux yeux d'un profane. Il se fait par l'intermédiaire d'un lapidaire ou d'un marchand de minéraux et de gemmes.

Le commerce du diamant fait exception, il se fait uniquement par l'intermédiaire d'un diamantaire.

Le diamant

Le diamant existe dans toutes les couleurs. Les plus prisés étant les diamants incolores.

Il faut qu'un diamant, pour être apprécié, soit le plus pur possible. Il a donc été nécessaire d'établir une codification précise.

Classification – Codification du diamant

Le commerce du diamant est cadré grâce au "Rapaport"[14]. Lequel donne le cours du diamant en fonction de son poids, de sa couleur, de sa taille, de sa pureté. Il codifie le marché du diamant de manière très précise. Le GIA, Gemological Institute of America, a établi la première codification du diamant en 1953, laquelle est basées sur les 4C, soit :

- Carat (poids),
- Cut (taille) qualité de la symétrie et du poli,
- Color (couleur),
- Clarity (pureté)

A ces 4C va également s'ajouter la fluorescence.

Ces critères gemmologiques sont fondamentaux pour attribuer une valeur (en termes de prix) à la pierre.

Ces critères sont retranscrits pour créer un certificat, donnant la carte d'identité de la pierre. La certification des diamants taillés est le meilleur moyen de garantir à l'acquéreur l'authenticité et la qualité du diamant en question. Pour le consommateur il joue un rôle de confiance permettant de vendre des diamants à travers le monde sans avoir le diamant sous les yeux.

Les trois aspects de la certification sont, l'identification avec la position des différentes inclusions s'il y en a, la classification selon les 4C, ainsi

---

[14] Rapaport : Grille de cotation du diamant établi en 1978, et c'est en 1982 que le RapNet a été établi, un marché du diamant interactif sur Internet disponible via son site le rapnet.com.

que la détermination de l'origine de la couleur pour les diamants fantaisies.

Nuancier du diamant

Nous avons vu que le GIA a établi la codification du diamant. Il a établi également un nuancier spécifique pour le diamant. Le Gem Trade Laboratory (GIA Gem Trade Lab), à Carlsbad en Californie, est un des nombreux départements du GIA qui s'est d'ailleurs spécialisé dans la classification du diamant, il fait autorité en matière de certification des diamants taillés. Cette échelle de classification, pour des diamants incolores, s'étend de D qui est totalement dépourvu de couleur, donc incolore ou presque, à Z qui est une couleur pâle, jaune ou brune. Ce système est reconnu et utilisé mondialement, les joailliers, gemmologues et diamantaires l'utilisent au quotidien.

Voir Annexe Nuancier du diamant établit par le GIA.

Identification des inclusions

Tout comme le nuancier, il a été établi un code précis pour reconnaître et identifier les inclusions. Selon la classification du GIA, cette identification se fait à la loupe.

Comme nous pouvons le voir dans l'Annexe Nomenclature d'identification des inclusions dans le diamant établit par le GIA, ces critères sont bien précis et indiquent à la fois le nombre, la taille et la position de l'inclusion à l'intérieur de la pierre taillée. Une inclusion en périphérie pourra être "masquée" lors du sertissage, alors qu'une inclusion au centre de la pierre sera toujours visible et dépréciera le diamant.

Les pierres de couleurs

Classification – codification des pierres de couleurs

Le GIA ainsi que l'AIGS (Asian Institute of Gemological Sciences) ont tenté de codifier le commerce des pierres de couleurs, en établissant un nuancier, comme pour le diamant, mais sans réussir à se mettre réellement d'accord.

Ce nuancier est difficile à établir car les nuances de couleur sont complexes et nombreuses.

Identification des inclusions des pierres de couleur

L'identification des pierres de couleurs par les inclusions, dans un souci de praticabilité et d'uniformisation, utilise les mêmes critères que le diamant bien que cela ne s'applique pas toujours aux pierres de couleurs.

A l'origine, au début du commerce des pierres précieuses, les pierres de couleurs ne se regardaient à la loupe uniquement lors de la finalisation d'une transaction. La couleur, les feux et la taille étant les critères les plus importants. La présence d'inclusions étant un gage d'authenticité.

Or, nous avons vu précédemment qu'il y a de plus en plus de synthèses, et ces synthèses imitent même les inclusions, comme souvent dans les émeraudes de Russie avec l'imitation du "Jardin de l'émeraude". C'est souvent dans les pierres ultra-pures qu'il est difficile de repérer la vraie pierre de la synthèse.

Identification des pierres de couleur

L'identification des pierres de couleurs se fait selon les mêmes critères que pour les diamants, c'est-à-dire les 4C soit :

- Carat (poids),
- Cut (taille) qualité de la symétrie et du poli,
- Color (couleur),
- Clarity (pureté)

A ses 4C, vont s'ajouter quelques autres critères tels que :

- Transparence
- Saturation
- Brillance

Dans tous les cas, il faut que la pierre soit, avant tout, agréable à regarder et donc bien proportionnée. Mais ce n'est pas assez, si le polissage est mal fait, la brillance et l'éclat de la pierre vont être amoindri.

La brillance d'une gemme va dépendre de son aptitude à réfléchir/réfracter la lumière, soit à son indice de réfraction. Plus l'indice est élevé et plus la brillance et l'éclat vont être importants.

Exemple : une pétalite d'indice 1,502 à 1,520 aura beaucoup moins de brillance et d'éclat que le diamant, qui lui, a un indice de 2,418. Pour mémoire, le quartz a un indice de 1,544 à 1,553 et le corindon (rubis, saphir) a un indice de 1,760 à 1,774.

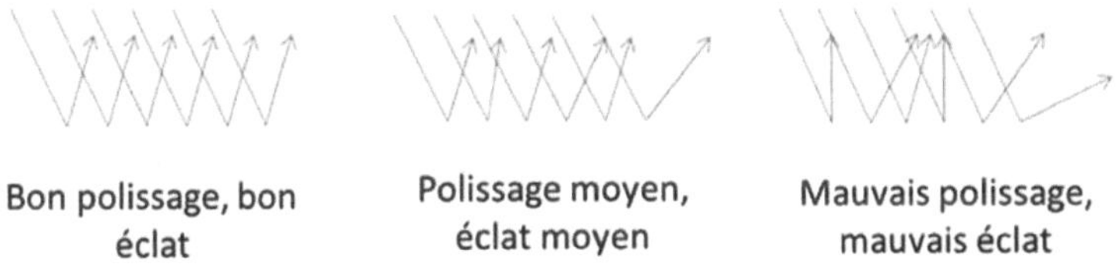

| Bon polissage, bon éclat | Polissage moyen, éclat moyen | Mauvais polissage, mauvais éclat |

Figure 68 - réactions des rayons lumineux dans une pierre selon le polissage et l'éclat

Le schéma de la Figure 68 (ci-dessus) reste le même quel que soit l'indice de réfraction. Un mauvais poli et trop de traces de polissage vont atténuer la brillance et l'éclat de la gemme. Ces traces de polissage vont créer des rayures qui vont arrêter la lumière. Un bon polissage dépendra également de la dureté de la pierre.

Le Marché des pierres

Il paraît, qu'il n'y aurait pas plus arbitraire que le prix d'une gemme. En effet, le prix des pierres de couleur est très variable, que ce soit sur la mine ou sur le marché des gemmes.

Le marché du diamant est très réglementé, nous l'avons vu avec le Rapaport, mais il bénéficie d'un traitement particulier. Pour être commercialisé il doit respecter le traité de Kimberley qui impose également une traçabilité du diamant.

Comme toutes choses, le prix des gemmes varient en fonction de l'offre et de la demande, mais en fonction également de critères bien spécifique que nous avons cités plus haut. Il faut ajouter également une dimension sentimentale, émotionnelle et culturelle. Certaines gemmes sont marginales sur certains marchés et très présentes sur d'autres. Par exemple :

- Le *saphir jaune* ne se vend pas bien aux Etats-Unis. Il lui est préféré la citrine ; alors que le saphir jaune cartonne en Asie. Notamment pour le saphir jaune-orangé qui est de la couleur de la robe des moines bouddhistes. Ce serait une pierre portant bonheur ou de bons augures.

- Le *jade* est très commercialisé en Asie et notamment en Chine alors que sa vente en France et en Europe est encore assez marginale. Le vert du jade est la couleur de bouddha, donc dans les pays de tradition judéo-chrétienne, le jade n'a pas le même impact.

- Les *pierres astériés* représentent un énorme marché en Asie et sont également très prisées aux Etats-Unis, mais ont du mal à percer sur le marché européen et français. Bien que l'on commence à en trouver.

- Les *perles, nacres, coraux* ne se trouvent pas tellement en Thaïlande. La Thaïlande n'en produit pas, de plus, ce n'est pas dans la culture Thaï. Pourtant ses proches voisins comme le Vietnam, la Chine et même le Japon sont, historiquement, de gros producteurs de perles.

- La *tanzanite* est un bon substitut du saphir aux Etats-Unis, mais arrive doucement chez nous.

Les pierres de couleur s'achètent sur un "coup de cœur". On achète une pierre de couleur avant tout pour sa couleur, pour sa forme, pour sa pureté, pour ses feux, parce qu'elle vous "parle". Le prix s'il est déterminant, n'est pas le premier critère.

Un fiancé me racontait il y a quelques temps que sa fiancée voulait un rubis :

"Pourquoi un rubis particulièrement", lui demandais-je

"Parce que c'est rouge, et elle aime le rouge, c'est la couleur de la passion. Comme bague de fiançailles c'est bien." Me répondit-il

"Alors si je te propose une autre pierre rouge, plus abordable, comme un spinelle ou une tourmaline rouge, tu crois que ça lui conviendra ou elle veut absolument un rubis."

Il me répondit alors : *"Elle n'y connaît rien aussi... pourvu que ce soit rouge, ça ira".*

Pour le budget qu'il avait et la taille (grosseur de la pierre, la forme de la pierre lui était relativement indifférente) qu'il voulait, il ne pouvait rien trouver ou alors des rubis et des montages de qualités moyennes. Alors qu'avec un spinelle rouge, de la couleur que voulait sa fiancée, il a pu faire faire une bague originale pour un prix raisonnable et à l'intérieur de son budget. Donc tout le monde était content.

* * *

Les gemmes sont méconnues et souvent se résument à quelques pierres telles que : le diamant bien sûr, le rubis, le saphir, l'émeraude, l'améthyste, la citrine, le péridot et le grenat rouge. Le reste des pierres est trop souvent absent même des rayonnages des bijoutiers joailliers donc le bon peuple les ignorent totalement.

Or nous savons qu'il existe de très nombreuses pierres gemmes toutes plus belles les unes que les autres et qui peuvent être des bons substituts à d'autres gemmes notamment celles que nous appelons communément les "4 précieuses" (soit le diamant, le rubis, le saphir et l'émeraude).

* * *

Sur les sites Internet des CIBJO (Confédération Internationale de la Bijouterie, Joaillerie, Orfèvrerie) et GIA, on peut lire les réglementations qui concernent aussi bien la nomenclature des gemmes et de leurs contrefaçons que les appellations d'usage ainsi que les règles éthiques imposées à leurs membres.

Il est recommandé de s'y conformer !

* * *

On trouvera ici une liste non exhaustive des termes dit "interdit" pour l'appellation des gemmes.

******

*

Annexes

I. Tableau de Mendeleïev

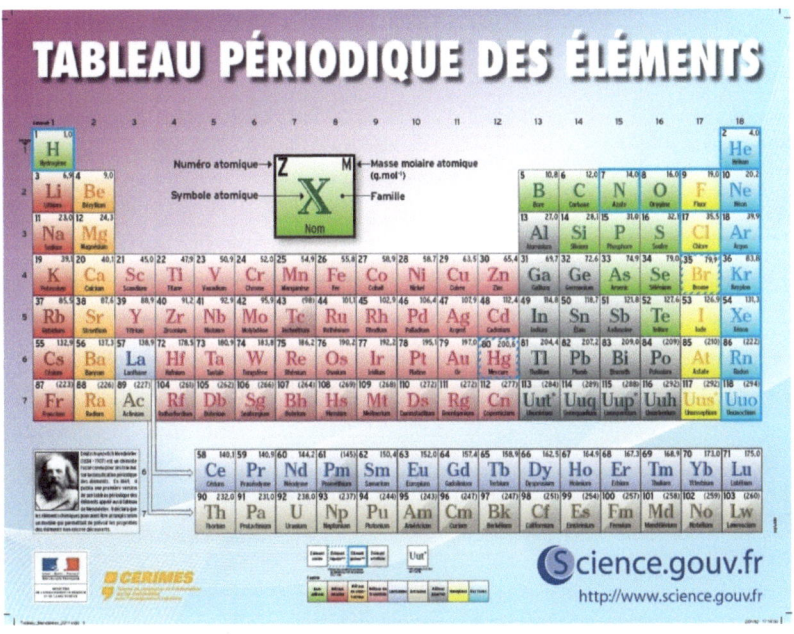

Figure 69 - Tableau périodique des éléments selon Mendeleïev

II. Éléments de symétrie dans les systèmes cristallins

Système cristallin	Eléments de symétrie
Cubique	3 axes de rotation 4 (tour à 90°), soit 3A4
	4 axes de rotation 3 (tour à 120°), soit 4A3
	6 axes de rotation 2 (tour à 180°), soit 6A2
	3 plans de symétrie
	6 plans diagonaux
Quadratique	4 axes de rotation 2 (tour à 180°), soit 4A2
	3 plans de symétrie
	2 plans diagonaux
Hexagonal	1 axe de rotation 6 (tour à 60°), soit 1A6
	6 axes de rotation 2 (tour à 180°), soit 6A2
	1 plan de symétrie
	6 plans verticaux de symétrie
Rhomboédrique	1 axe de rotation 3 (tour à 120°), soit 1A3
	3 axes de rotation 2 (tour à 180°), soit 3A2
	3 plans verticaux de symétrie
Orthorhombique	3 axes de rotation 2 (tour à 180°), soit 3A2
	3 plans de symétrie
Monoclinique	1 axe de rotation 2 (tour à 180°), soit 1A3
	1 plan de symétrie
Triclinique	Aucun axe de symétrie
	Aucun plan de symétrie
Gemmes amorphes	Aucun axe de symétrie
	Aucun plan de symétrie

III. Réactions Isotropie / Anisotropie

	Isotrope	Anisotrope
Loupe	Pas de doublage	Doublage plus ou moins visible
Polariscope	Ne rétablit pas	Rétablit ¼ de tour
	Anomalies	Rétablit constamment
Réfractomètre	1 indice fixe	2 indices qui bougent ou
		1 indice fixe et 1 indice qui bouge ou
		2 indices fixes
Dichroscope	Monochroïque, pas de pléochroïsme	Dichroïque ou trichroïque
		Pléochroïsme plus ou moins fort
Gemmes	· Diamant · Fluorite · Grenat · Spinelle · Oxyde de zirconium synthétique · Gemmes amorphes	· Agate/Calcédoine · Quartz · Corindon · Béryl · Topaze · Zircon · Péridot · Tourmaline

IV. Polychromie Vs. Pléochroïsme

Polychromie	Pléochroïsme
Plusieurs couleurs observable à l'œil nu	2 ou 3 couleurs selon l'axe d'observation, s'observe au dichroscope
gemmes isotropes ou anisotropes	gemmes anisotropes
Gemmes polychrome	**Gemmes pléochroïque**
Fluorite : cubique, isotrope	**Péridot** : Biaxe
Tourmaline : rhomboédrique, anisotrope	**Tourmaline** : uniaxe
Amétrine : améthyste/citrine, elle est violet/jaune - hexagonal, anisotrope	**Cordiérite** : biaxe
	Corindon naturel et synthétique : biaxe
	Emeraude : uniaxe
	Amétrine : uniaxe
	Améthyste : uniaxe
	Citrine : uniaxe

V. Réactions au dichroscope

Pierres	Réactions	couleur	Système cristallin
Aigue-marine	Dichroïque	Bleu clair à incolore, bleu clair plus foncé	Hexagonal - uniaxe
Améthyste	Dichroïque	Souvent faible : violet-violet gris (rosé)	Hexagonal - uniaxe
Apatite bleue	Dichroïsme faible	Bleu vert - bleu clair	Hexagonal - uniaxe
Apatite jaune	Dichroïsme faible	Jaune, jaune vert	Hexagonal - uniaxe
Apatite vert intense	Dichroïsme net	Vert foncé - vert clair	Hexagonal - uniaxe
Apatite verte	Dichroïsme faible	Vert - jaune vert	Hexagonal - uniaxe
Béryl héliodore	Dichroïsme faible	Jaune d'or à jaune vert	Hexagonal - uniaxe
Béryl jaune	Dichroïsme faible	Jaune à jaune d'or - jaune pâle	Hexagonal - uniaxe
Béryl rose (morganite)	Dichroïsme faible	Rose à rose pâle (parfois bleuté)	Hexagonal - uniaxe
Béryl vert	Dichroïsme net	Vert jaune - vert bleu	Hexagonal - uniaxe
Citrine	Dichroïque	Faible pour les naturelles : jaune – jaune clair. Nul pour les chauffées	Hexagonal - uniaxe
Cordiérite	Trichroïsme	Intense : incolore à jaune, bleu violacé foncé à bleu pâle	Orthorhombique - biaxe
Diamant	Monochroïque	Nul	Cubique - isotrope
Diopside	Trichroïsme faible	Vert, vert jaune - vert herbe	Monoclinique - biaxe
Diopside chromifère	Trichroïsme net	Vert jaune - vert foncé - vert olive	Monoclinique - biaxe
Émeraude	Dichroïque	Assez net : vert, vert bleu à vert jaune	Hexagonal - uniaxe
Grenat	Monochroïque	Nul	Cubique - isotrope
Kunzite	Trichroïsme rose	Avec pointe de bleu violacé, incolore, rose pâle	Monoclinique - biaxe
Péridot	Trichroïsme	Faible : incolore à vert pâle, vert vif, vert clair	Orthorhombique - biaxe
Quartz enfumé	Dichroïque	Net quand la couleur est foncée, brun rouge à brun jaune	Hexagonal - uniaxe
Quartz rose	Dichroïque	Net si la couleur est soutenue : rose-rose pâle	Hexagonal - uniaxe
Rubis	Dichroïque	Net : rouge orangé, rouge carmin (idem pour les corindons synthétique Verneuil)	Rhomboédrique - uniaxe

Pierres	Réactions	couleur	Système cristallin
Saphir	Dichroïque	± net selon la couleur (idem pour les corindons synthétique Verneuil) bleu net = bleu foncé, bleu vert jaune faible = jaune, jaune clair vert faible = jaune, vert jaune	Rhomboédrique - uniaxe
Scapolite jaune	Dichroïsme sensible	Jaune à jaune clair	Quadratique -uniaxe
Spinelle	Monochroïque	Nul (idem pour les spinelles synthétique Verneuil)	Cubique - isotrope
Tanzanite	Trichroïsme intense	Pourpre, bleu, bleu violacé (parfois brun)	Orthorhombique - biaxe
Titanite	Trichroïsme net	Vert, jaune vert, jaune à incolore	Monoclinique - biaxe
Topaze bleue	Trichroïsme sensible	Bleu, bleu pâle, incolore	Orthorhombique - biaxe
Topaze jaune	Trichroïsme sensible	Jaune miel, jaune, jaune pâle	Orthorhombique - biaxe
Topaze rose	Trichroïsme intense	Rose carmin, jaune miel, rose	Orthorhombique - biaxe
Tourmaline	Dichroïque	Intense pour les pierres colorées brune net = brun foncé, brun clair rouge net = rouge foncé, rouge clair vert fort = vert foncé, vert jaune jaune net = jaune foncé, jaune clair bleu fort = bleu vert, bleu vert plus foncé	Rhomboédrique - uniaxe
Verre		nul	Gemmes amorphe - isotrope
Zircon	Dichroïque	± fort selon la couleur jaune très faible : jaune-miel, jaune brun rouge très faible : rouge, brun clair à bleu net : bleu, bleu gris, incolore	Quadratique - uniaxe

Cette liste de <u>réactions des gemmes au dichroscope</u> se retrouve également <u>ici</u>

VI. Réactions au filtre Chelsea

Pierres	Réactions au filtre
Aigue-marine	Couleur bleu accentuée, verte
Alexandrite	Rouge
Amazonite	Ne rougit pas
Apatite	Couleur inchangée
Améthyste	Peut rosir ou rougir
Béryl jaune	Jaune vert
Béryl rose	Jaune rose à jaune vert
Aventurine verte, bleue, brune, orangée	Rougit, rosit, brunit
Béryl vert	Bleu vert à vert soutenu
Calcédoine baignée (verte et bleue)	Rosit, rougit, brunit
Jade jadéite verte	Reste verte tandis que la teintée rougit
Jade néphrite	Reste vert
Kunzite	Jaune rosé
Lapis-lazuli	Parties bleu : brun, rouge mat
Péridot	Bleuit (vert bleu)
Calcédoine bleue, brune, orange	Couleur inchangée
Scapolite jaune	Rose
Sodalite	Rouge vif à nul
Tanzanite	Inerte à légèrement brun
Titanite	Inchangée (parfois une pointe de rose)
Chrysoprase	Couleur inchangée
Cordiérite	Inchangée
Zircon brun	Rouge brun
Zircon vert	Rouge brun
Démantoïde (grenat vert)	Rosit
Émeraude naturelle	Rouge, rose, parfois grise, verte
Émeraude synthétique	Rose à rouge vif, jamais verte
Fluorite	Rosit
Saphir violet	Paraît brun rouge
Spinelle fin bleu	Rouge sombre ou ne change pas, jamais rouge vif
Spinelle synthétique (bleu ciel)	Orangé, rouge
Spinelle synthétique (bleu et bleu vert)	Rose à rouge intense vif, jaune
Topaze bleue	Apparaît bleu vert
Diamant vert	Couleur inchangée
Diopside	Bleu vert
Diopside chromifère	Vert renforcé
Topaze jaune	Inerte à rosé
Topaze rose	inerte
Tsavorite (grenat grossulaire vert)	Celui de couleur vert profond de Tanzanie rougit
Verre bleu et bleu vert	Rosit ou rougit
verre bleu sans cobalt	inerte

Cette liste de réactions des gemmes au filtre Chelsea se retrouve également ici

VII. Les phénomènes optiques

Phénomène générique	Phénomène dans la pierre	Apparence de la pierre
Diffusion	Opalescence	Aspect laiteux
	Chatoiement	Eléments aciculaires parallèles, canaux parallèles
	Astérisme	Soies perpendiculaires à l'axe optique (axe de croissance) et parallèles selon 2 ou 3 directions coplanaires et selon la symétrie des cristaux
Interférence	Adularescence	Interférences sur les perthites amellaire de la pierre
	Labradorescence	Reflets métalliques, interférences sur les perthites en lamelle jumelées
	Diffraction	Superposition de couches donnant une couleur spectrale pure
	Irridescence	Interférence entre 2 rayons lumineux
Réflexion	Aventurescence	Effets scintillants, petites particules (mica, hématite, dumortiérite, fuschite) donnant sa couleur à la gemme
Chimie	Alexandrite	Change de couleur selon la lumière jour/incandescence. La pierre devient : - rouge pourpre à la lumière incandescente/fluorescente - Vert à bleu à la lumière du jour
	Usambara	Epaisseur de la pierre - fine : verte - épaisse : rouge

VIII. Tableau de température de chauffe pour les corindons

Pierre	traitement	résultante	atmosphère	chauffage	refroidissement
Saphir pâle	suppression des aiguilles de rutile	amélioration de la pureté	réduite en oxygène	1000° - 1900°	rapide
	augmentation des aiguilles de rutile	création d'astérisme	saturée en oxygène	1300° - 1900°	lent (jusqu'à 14 jours)
saphir blanc gueda	foncer la couleur	augmenter la couleur bleue dans les geuda	réduite en oxygène	1600° - 1900°	rapide
			saturée en oxygène		
saphirs bleu foncé	réduction de la couleur	éclaircir les saphirs bleu très foncé	saturée en oxygène	800° - 1900° (efficace dès 450°)	
		suppression du bleu dans les rubis			
rubis à cœur bleu		suppression du bleu dans les saphirs verts et jaunes, intensifier le jaune			
saphirs verts ou jaunes					
saphirs blancs et jaunes	augmentation du jaune	obtention d'un saphir jaune intense	saturée en oxygène	1600° - 1900°	
saphir rose		obtention d'un saphir orange			

IX. Différents types de taille pour les pierres

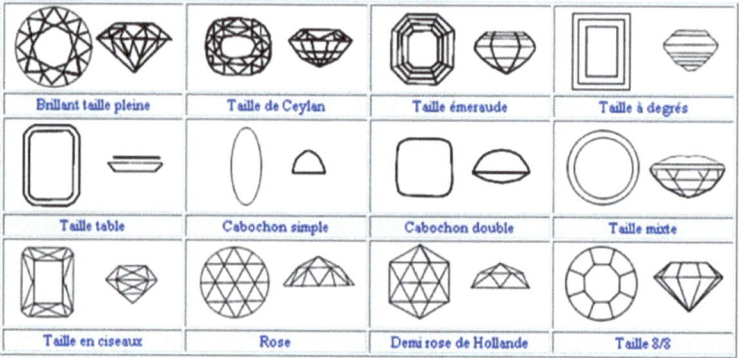

Figure 70 - Exemple de style de taille

X. Nuancier du diamant établit par le GIA

Label	Signification	Description
D	Blanc exceptionnel plus (+)	les diamants de ces catégories apparaissent blancs à l'œil nu selon je jugement d'un homme du métier
E	Blanc exceptionnel	
F	Blanc extra plus (+)	
G	Blanc extra	
H	Blanc	Les diamants de petite taille de ces catégories apparaissent blac à l'œil nu d'un professionnel d'expérience moyenne. La couleur devient visible pour des diamants de poids élevé
IJ	Blanc nuancé	
KL	Légèrement teinté	
M	teinté	La couleur croit en intensité
N à Z	Diamants de couleur spéciale	Les diamants d'une belle couleur prononcée sont très rares et très prisés

XI. Nomenclature d'identification des inclusions dans le diamant

Label	Signification *anglaise* et française	Description
IF	*Internally flawless* aucun défaut	aucun défaut interne à la loupe 10x
VVS	*Very very small inclusions* très, très petites inclusions	minuscules inclusiions décelables à la loupe 10x
VS	*very small inclusions* très petites inclusions	très petites inclusions décelables à la loupe 10x
SI	*small inclusions* petites inclusions	petites inclusions décelables à la loupe 10x
P1	*1st piqué* premier piqué	inclusions immédiatement délables à la loupe 10x, mais qui n'affectent pas la brillance du diamant
P2	*2nd piqué* deuxième piqué	grandes ou nombreuses inclusions affectant légèrement la brillance. Décelables à l'œil nu
P3	*3rd piqué* troisième piqué	Inclusions importants affectant considérablement la brillance, visibles à l'œil nu

Glossaire

Achromatique : Sans couleur, laisse passer la lumière blanche sans la décomposer. L'image ne subit pas de décoloration. Une loupe achromatique ne va pas modifier la couleur de l'objet, de la pierre.

AIGS : *Asian Institute of Gemological Sciences* fondé en 1978 à Bangkok (Thaïlande), elle est devenue la première école de Gemmologie en Asie du Sud-Est. Cette école de Gemmologie offre l'un des meilleurs programmes de formation sur les pierres précieuses. http ://www.aigsthailand.com/.

Allochromatique : Pierre dont les éléments colorants viennent en substitution des éléments présents dans la composition chimique des pierres.

Amorphe : Gemmes ayant cristallisées sans ordre défini, sans forme.

Anisotrope : Possède plusieurs indices de réfraction et au moins 2 axes de croissance. Ce sont des pierres biréfringentes.

Aplanétique : L'image ne subit pas de déformation à sa périphérie. Une loupe aplanétique limite au maximum la déformation de l'objet, la pierre.

Artificiel : Fait en partie ou complètement par l'homme.

Astérisme : Phénomène optique se produisant dans certaines gemmes et révélant une forme d'étoiles à quatre, six ou rarement douze branches. De très nombreuses espèces minérales présentent cette particularité. L'astérisme est dû à l'interférence de la lumière sur les faces des inclusions cristallines, par exemple le rutile dans les corindons, la magnétite pour le diopside. L'effet peut être spectaculaire sur les pierres taillées en cabochon.

Aventurescence / Aventurinescence : Effet scintillant (et coloration) donné par de petites particules (inclusions de mica, d'hématite, de dumortiérite, etc.) réparties dans la masse d'un quartz ou d'un quartzite. La forte proportion de ces inclusions donne sa couleur à la gemme.

Axe d'isotropie : Situé dans l'axe optique d'un cristal "uniaxe". Celui-ci étant parallèle à l'allongement du cristal.

Axe de croissance : Axe privilégié dans lequel le cristal va grandir en priorité.

Axe optique : Direction d'uniréfringence dans un minéral biréfringent.

Axes de symétrie (ou axes de rotation) : Si au cours d'une rotation autour d'une droite, un objet prend une autre ou plusieurs autres positions identiques qui s'opèrent à angle constant, on dit qu'il possède un axe de ration d'ordre n.

Bande d'absorption : Bande noire traduisant l'absence de couleur dans le spectre de la lumière visible à l'intérieur d'une substance.

Biaxe : Se rapportant à des cristaux ayant deux axes optiques/d'isotropies (systèmes orthorhombique, monoclinique, triclinique).

Binoculaire (loupe) : Microscope à deux oculaires permettant la vision stéréoscopique.

Biréfringent : Possède plusieurs indices de réfraction selon l'angle d'observation. Se dit des gemmes anisotropes (toutes les pierres, sauf celles du système cubique).

Cabochon : Taille produisant une surface arrondie convexe à la partie supérieure de la pierre, utilisée pour mettre en valeur certains effets tels l'astérisme et le chatoiement.

Caractère optique : Définit le comportement d'une gemme à l'égard de la lumière qui la traverse.

Carat : Unité internationale de mesure de masse utilisée pour les gemmes. Un carat est équivalent à 0,2g. Le terme "carat" vient du nom de la noix du caroubier.

Cassure conchoïdale : Cassure ayant l'aspect d'un coquillage.

Cassure esquilleuse : Cassure ayant l'image d'un os fracturé.

Cassure ou fracture : Etat d'une surface brisée dans une direction autre que le plan de clivage. Il existe plusieurs sortes de cassure.

Centre de symétrie : Si tous les points d'un objet peuvent être répétés sur des droites concourantes à un point et à égales distances de part et d'autre de celui-ci, on dit qu'il possède un centre de symétrie.

Chatoyance : Reflet lumineux rappelant la pupille fendue d'un chat. Cet effet est produit par diffusion et/ou réflexion de la lumière sur des fibres, des aiguilles ou des canaux parallèles. Elle est mise en valeur de façon optimale dans la taille en cabochon.

Chauffée : Se dit d'une pierre ayant subi un traitement thermique afin d'en améliorer (intensifier ou réduire) la couleur, ou d'atténuer (ou supprimer) certaines inclusions.

CIBJO : Confédération Internationale de la Bijouterie, Joaillerie, Orfèvrerie, des pierres précieuses et fines et de culture et des activités s'y rattachant.

Clivage : Voir "Plan de clivage".

Czochralski : Procédé de fabrication de cristaux artificiels par tirage et rotation d'un germe cristallin à partir de matériaux fondus. La première expérience de tirage d'un monocristal à partir d'un bain fondu, a été réalisée en 1916 par Jan Czochralski.

Dichroïque, trichroïque : Présence de 2 ou 3 couleurs dans une même gemme. Ces couleurs variant selon l'angle d'exposition à la lumière.

Dichroscope : Appareil permettant de distinguer les différentes couleurs d'une gemme pléochroïque (dichroïque ou trichroïque).

Diffraction : La diffraction est le résultat de l'interférence des ondes diffusées par chaque point. On parle de diffraction en gemmologie lorsqu'il y a une interférence lumineuse (sélective de certaines longueurs d'ondes) issue de l'interaction de la lumière sur des empilements régulier de microscopiques billes.

Diffusion : Diffusion de substances chromatiques dans une pierre incolore pour lui donner artificiellement la couleur liée à la substance diffusée. Cette diffusion se fait par traitement thermique à haute température.

Diiodométhane : Liquide utilisé pour lire les indices de réfractions, 1.79 étant l'indice de ce liquide. Il s'agit de Diiodométhane poly insaturé en soufre et autre composés iodés (toxique par inhalation ou contact et mortel par ingestion).

Dispersion : Effet d'étalement des couleurs du spectre de la lumière blanche lié à la réfraction.

Doublage : Perception d'une image dédoublée dans un cristal biréfringent. Ex : Calcite, Tourmaline, Zircon. Ce phénomène se voit nettement le long des arêtes de la gemme taillée.

Dureté : Résistance d'une pierre à la rayure et à l'usure. A ne pas confondre avec la résistance aux chocs.

Échelle de Mohs : Graduation définie par le minéralogiste allemand Frédéric Mohs en 1812 pour étalonner la dureté des minéraux. De 1 pour le talc à 10 pour le diamant.

Effet Alexandrite : Ce sont des gemmes qui changent de couleur en fonction de la source lumineuse. Rouge pourpre à la lumière incandescence/fluorescence ; Vert à bleu à la lumière du jour.

Étoilée : Se dit d'une pierre contenant de fines inclusions orientées de telle sorte qu'elles font apparaître une étoile semblant bouger à sa surface (lorsqu'elle est taillée en cabochon). Aussi appelé "astérisme".

Feux : Couleurs spectrales provenant d'une pierre taillée, dues à la dispersion de la lumière.

Filtre Chelsea : Filtre dichromatique transmettant la lumière de deux seules régions de longueur d'onde, l'une dans le rouge sombre, l'autre dans le vert jaune. Utilisé à l'origine pour différencier l'émeraude de ses imitations, déceler les spinelles synthétiques et les verres colorés par le cobalt. Utilisé actuellement pour déceler la présence de chrome.

Fine (pierre) : Qualifie une pierre gemme ne faisant pas partie des pierres précieuses (doit de nos jours être remplacé par l'appellation "pierre gemme", que la pierre soit fine ou précieuse).

Fluorescence : Émission de lumière visible par certains minéraux sous l'effet de radiations de longueurs d'onde plus courtes telles que les rayons UV et les rayons X.

Fracture ou cassure : Cassure d'un matériau, non parallèle à un face cristalline (existante ou possible) qui laisse une marque distinctive du minéral (conchoïdale, inégale, terreuse, etc...).

Gemme : Pierre précieuse ou pierre fine transparente. Elle doit posséder les trois caractéristiques suivantes : avoir un aspect agréable, avoir une dureté suffisante et élevée, et être rare. Une gemme est une pierre fine, précieuse ou ornementale ou n'importe quelle matière très dure ou colorée ayant l'aspect de ces pierreries et utilisée comme ornement. Pour mériter l'appellation de gemme, cette matière (minéral, roche ou une substance organique telle que perle, ambre ou corail) doit être attrayante, surtout par sa couleur. Elle doit être peu altérable, et assez solide pour survivre à un usage constant ou aux manipulations, sans se rayer ou s'endommager. Elle peut être naturelle, traitée ou fabriquée artificiellement (pierre synthétique).

Gemmologie : L'étude des pierres précieuses, fines ou ornementales. Le terme Gemmologie vient du latin : "gemma" qui veut dire bourgeon, et au sens figuré, pierre précieuse et "logos" étude.

Germe cristallin : Petit morceau de cristal indispensable au démarrage d'un cristal de synthèse en solution saturée.

GIA : *Gemological Institute of America* fondé en 1931 aux Etats-Unis. Avec le temps, le GIA s'est développé et a ouvert 11 campus-écoles et 9 laboratoires à travers le monde. http: //www.gia.edu/.

Gisement : Emplacement géologique naturel de roches et de minéraux en concentration.

Givres : Ensemble de lacunes cristallines de formes irrégulières.

Gradation : Terme (anglicisme) désignant l'action de donner un grade de couleur (D, E, F,...) aux diamants incolores à plus ou moins nuancés de jaune par une comparaison visuelle avec des diamants référentiels (i.e. ayant des nuances jaunes de référence).

Graining : Anglicisme décrivant les lignes brunes et parallèles souvent observées dans les diamants bruns. Le graining est issu des déformations plastiques post croissance reçues par le diamant.

Hydrothermal : Minéral (naturel ou synthétique) formé à partir d'éléments dissouts dans l'eau chaude pressurisée ou non.

Idiochromatique : Pierre dont les éléments colorants font partie intégrante de la composition chimique des pierres.

Imprégnation : Remplissage des pores les plus fins d'une roche ou d'un minéral par des substances colorantes, durcissantes, ou par des minéraux formés ultérieurement.

Inclusions : Imperfections dans la pierre, pouvant se caractériser par des givres liquides ou solides ou la présence d'autre minéraux aciculaires ou sous la forme de cristaux.

Indice de réfraction : Rapport des vitesses de la lumière dans des milieux différents. Par convention, les indices de réfractions des gemmes sont pris par rapport à l'air (n=1).

Interférence : Phénomène résultant de la combinaison de deux mouvements vibratoires. Pour deux rayons lumineux vibrant dans la même direction, les vibrations se renforcent ou s'annulent périodiquement, suivant qu'elles sont en phase (amplitude maximum au même moment) ou en opposition de phase. (p.ex. opale (interférence de type diffraction), labradorite).

Irisation : Décomposition de la lumière blanche en plusieurs couleurs.

Irradiée (pierre) : Pierre ayant subi un traitement par rayons ou bombardement de particules irradiées dans le but de la modifier son aspect.

Isomorphe : Qui possède une même structure cristalline au niveau des atomes, mais une composition chimique différente.

Isotrope : Ne possède qu'un seul indice de réfraction quel que soit le sens d'observation. Ce sont des pierres monoréfringentes. L'isotropie est une caractéristique des pierres du système cubique et des gemmes amorphes.

Jardins : Terme élégant pour désigner les inclusions des Émeraudes.

Jeu de couleur : Ce dit des nombreuses couleurs résultantes d'une diffraction de la lumière sur une pierre. (par ex. opale noble).

Labradorescence : Chatoiement des couleurs de l'arc-en-ciel propre à la Labradorite.

Loupe : La loupe x10, dite loupe de gemmologue, est aussi une loupe aplanétique et achromatique. Le diamètre de la lentille peut varier de 18 mm à 23 mm. Il existe aussi dans le commerce des loupes de x6 à x20.

Mâcle : Accolement de cristaux symétriques selon une orientation précise obéissant aux lois de la cristallographie.

Matières organiques : Toutes matières organiques animales, végétales ou marines pouvant servir à la confection de bijoux.

Monochromatique : Se dit d'une lumière dont les rayons ont tous la même longueur d'onde.

Monoréfringent : Ne possède qu'un seul indice de réfraction.

Œil de chat (effet) : Voir chatoyance.

Œil du verrier : Grain de silice non fondu que l'on observe en inclusion dans les verres artificiels.

Opalescence : Effet laiteux (semblant être mobile dans la pierre) des opales communes.

(Notez : le mélange de couleurs vives et brillantes des opales nobles s'appelle le "jeu de couleur").

Orient : Se dit de l'irisation caractéristique des perles.

Phénomènes optiques : Un phénomène optique est le nom générique donné à tout événement observable résultant de l'interaction entre la lumière et la matière.

Phosphorescence : Émission lumineuse persistante après suppression de la source lumineuse excitatrice.

Pierre d'imitation : Produit artificiel ou non, dont l'aspect est semblable a une pierre naturelle ou synthétique, mais dont la composition et les caractéristiques physiques sont complètement différentes. Sont aussi appelées "pierres de substitution" ou "substitut".

Pierre synthétique : Produit fabriqué par l'Homme. Ces pierres ont toutes les caractéristiques physiques et optique de leurs homologues naturelles (à quelques fluctuations près).

Pierres assemblées ou composées : Terme général comprenant : les doublets, triplets, pierres composées de plusieurs substances collées ou assemblées entre elles.

Pierres précieuses : Encore à ce jour quatre pierres peuvent recevoir cette appellation : Le diamant, l'émeraude, le rubis, le saphir. Les autres gemmes ont souvent droit à l'appellation "pierres fines". L'expression pierre semi-précieuse ne doit normalement plus être utilisée. (*NB : Selon un décret de 2002, seule l'appellation "pierre gemme" devrait être utilisée pour toutes les pierres*).

Plan de clivage : Plan de moindre cohésion atomique facilitant la séparation d'un cristal en deux ou plusieurs morceaux suivant les faces du cristal. C'est une zone de fragilité dans un minéral ou une gemme qui permet la cassure de la pierre. On parle de clivage parfait, imparfait ou nul.

Plan de symétrie (ou plan miroir) : Si tous les points d'un objet peuvent être répétés sur des normales (perpendiculaires) à un plan et à égales distances de part et d'autre de celui-ci, on dit qu'il possède un plan de symétrie.

Pléochroïsme : Présence de dichroïsme ou trichroïsme dans une gemme. Ce pléochroïsme peut être intense dans une gemme monochrome foncé et nul dans une gemme monochrome claire.

Polariscope : Instrument qui utilise les propriétés de la lumière polarisée. Il est utilisé pour la reconnaissance des pierres gemmes. Il sert aussi à détecter les tensions internes dans le diamant brut.

Polychrome : Gemmes présentant plusieurs couleurs quel que soit l'angle d'exposition à la lumière. Ces différentes couleurs sont visibles à l'œil nu.

Rapaport : En 1978, il a été établi les premières listes de prix des diamants (le "Rapaport", appelé par les professionnels le "Rap" ou "la Liste"), qui sont devenues aujourd'hui incontournables dans le commerce du diamant. Au cours des années, ces listes de prix sont devenues le "Rapaport Diamond Report" et c'est en 1982 que le "RapNet" a été établi, un marché du diamant interactif sur Internet disponible via son site le rapnet.com. Le "Rapaport" tire son nom de celui qui l'a mis au point : Martin Rapaport, lui-même diamantaire et fils de diamantaire.

Réfraction : C'est la résistance optique qu'oppose une gemme à la pénétration de la lumière, produisant une déviation du rayon.

Refractomètre : Cet appareil sert à lire l'indice de réfraction d'une pierre par le principe de la réflexion totale. On trouve des réfractomètres de poche jusqu'au réfractomètre avec filtre au sodium et polarisateur. Le réfractomètre doit être utilisé avec un liquide de contact.

Spectre continu : Ensemble des longueurs d'onde du spectre électromagnétique dont une partie seulement est visible à l'œil nu. Il va des ondes les plus longues (radios), aux ondes les plus courtes (rayons gamma).

Spectre d'absorption : Série de bandes foncées traversant le spectre continue, et visible au spectroscope, lorsque la pierre est traversée par la lumière. Il est propre à chaque élément et constitue un bon moyen d'identification pour les gemmes.

Spectroscope : Appareil servant à observer le spectre d'absorption ou d'émission des pierres. Il peut être à main (portable pour l'observation du spectre visible) ou de technologie dite "de laboratoire" pour l'observation des gemmes : Fluorescence X et/ou Ultraviolet et/ou visible et/ou Infrarouge, etc.

Système cristallin : Classification des minéraux selon leur groupe de symétrie. On en compte sept : 1-Cubique ou isométrique ; 2-Quadratique (ang. Tétragonal) ; 3-Hexagonal : 4-Rhomboèdrique ou (ang. Trigonal) ; 5-Orthorhombique ; 6-Monoclinique ("ou Clinorhombique") ; 7-Triclinique.

Thermoluminescense : Émission lumineuse provenant d'une substance chauffée en dessous du rouge.

Traitement thermique : Chauffage à basse ou à haute température (100° à 2000°C) d'une pierre afin d'en modifier l'apparence (clarté et/ou couleur).

Vitreux : Ce dit de l'éclat du verre et de toute pierre dont l'éclat s'en rapproche.

Sources

Photo de couverture :

- Rubis en poudre de Luc Yen et tourmaline - D'après - Gemm'à Vie

D'après - internet

- http://www.gemmo.eu/fr/quartz-a-inclusions.php
- http://www.diamants-infos.com/
- http://fr.wikipedia.org/wiki/Trapiche_%28min%C3%A9raux%29
- http://fr.wikipedia.org
- http://fr.wikipedia.org/wiki/Portail:Sciences
- http://www.gemstonepress.com/mm5/merchant.mvc?Screen=PROD&Store_Code=GP&Product_Code=DDV&Category_Code=
- http://www.geowiki.fr/index.php?title=Troncatures
- http://cours-gratuits.toutapprendre.com/?cours=decouvrir-la-gemmologie&page=3
- http://www.agence-ana.fr/webgate/index.php?OFFER=00000017||Le+saphir+malgache%2C+l%27exode+bleu&SEARCHMODE=NEW&TABLIGHTBOX=RESULT&SEARCHSHOWTAB=1

Dérive des continents :

- http://www.larousse.fr/encyclopedie/personnage/Alfred_Wegener/138971
- http://www.svt-biologie-premiere.bacdefrancais.net/geologie-lithosphere-tectonique.php

- http://www.agence-ana.fr/webgate/thumb.php/00020891.jpg?OGSESSION=d295cd6ddc597fa47fd032f5ca177d7d&UN=MTExMTE=&LANGUAGE=fra_fra&IMAGESIZE=1&CHANNEL=&RENDERSIZE=180&IMAGENUMBER=00020891&WSID=1&STATIC=

- http://commons.wikimedia.org/wiki/File:Alpiner_Gebirgsg%C3%BCrtel.png

- http://houot.alain.pagesperso-orange.fr/Geo/Planis/plannew11.html

Les Séries continues :

- http://www.gemmes-infos.com/pierres/spinelle.html

- http://www.gemselect.com/french/gem-info/spinel/spinel-info.php

- http://geminterest.com/imitations.php#doublet

- http://www.geowiki.fr/index.php?title=Troncatures

- http://cours-gratuits.toutapprendre.com/?cours=decouvrir-la-gemmologie&page=3

Représentation de l'atome

- http://fr.ofnuclearenergy.com/media/definicion/atomo-electron-neutron-proton.jpg

- http://www.siteduzero.com/sciences/tutoriels/la-physique-quantique/les-nombres-quantiques

- http://uploads.siteduzero.com/files/413001_414000/413355.jpg

Cycle des roches

- http://www.google.fr/imgres?start=260&client=firefox-a&rls=org.mozilla:fr:official&channel=fflb&biw=1366&bih=578&tbm=isch&tbnid=y0pc8wc2IPwFcM:&imgrefurl=http://fr.wikipedia.org/wiki/Roche&docid=bBc2oyNDu_3DCM&imgurl=http://upload.wi

kimedia.org/wikipedia/commons/thumb/3/35/Formation_des_roch
es.svg/330px-
Formation_des_roches.svg.png&w=330&h=260&ei=zYG4UbG-
FpGxhAe78IBQ&zoom=1&iact=hc&vpx=968&vpy=98&dur=2238
&hovh=199&hovw=253&tx=121&ty=117&page=11&tbnh=135&tb
nw=179&ndsp=26&ved=1t:429,r:71,s:200,i:217

- http://upload.wikimedia.org/wikipedia/commons/thumb/3/35/Form
ation_des_roches.svg/330px-Formation_des_roches.svg.png

Darkfilled

- http://www.gemstonepress.com/mm5/merchant.mvc?Screen=PR
OD&Store_Code=GP&Product_Code=DDV&Category_Code=

- http://www.gemstonepress.com/mm5/graphics/00000001/Darkfiel
dDiamond.jpg

Saphir Ilakaka

- http://www.agence-
ana.fr/webgate/index.php?OFFER=00000017||Le+saphir+malgac
he%2C+l%27exode+bleu&SEARCHMODE=NEW&TABLIGHTB
OX=RESULT&SEARCHSHOWTAB=1

Angle de taille, photos de taille

- http://www.geowiki.fr/index.php?title=Troncatures

- http://cours-gratuits.toutapprendre.com/?cours=decouvrir-la-
gemmologie&page=3

Tableau de Mendeleïev

- http://pdfgratuits.blogspot.fr/2010/01/tableau-periodique-des-
elements-de.html

Œil de chat :

- http://www.elegance-minerale.com/blog/wp-
content/uploads/2012/08/oeil-de-tigre.jpg

saphir astérié

- http://www.elegance-minerale.com/blog/wp-content/uploads/2012/08/saphir-%C3%A9toil%C3%A9.jpg

Pierre de lune

- http://upload.wikimedia.org/wikipedia/commons/thumb/1/17/Pierrelune.jpg/512px-Pierrelune.jpg - D'après - Didier Descouens – Wikipédia License Creative Common - http://fr.wikipedia.org/wiki/Pierre_de_Lune

Aventurine bleue

- http://www.aromasud.fr/boutique/images_produits/aventurine_bleu_pr_s-z.jpg

Aventurine verte

- http://www.aromasud.fr/boutique/images_produits/aventurine_verte_pr_s-z.jpg

Alexandrite

- www.palagcmo.com/Images/Bancroft_Russia_Alexandrite/5.25 alexandrite_duo.jpg

Opale triplet

- http://www.opals.net.au/dbpix/cmspages_left/types2.jpg

London Blue topaz

- http://metaphysicalstones.net/Faceted%20Stones%207%2007/FCT36.jpg

Swiss Blue Topaz

- http://www.catalogue.sterlingpassion.com/images/Collection/loose%20gemstones/blue%20topaz/swiss-blue-topaz.jpg

Autres Sources internet

- http://www.gemmo.eu/fr/quartz-a-inclusions.php
- http://www.diamants-infos.com/
- http://fr.wikipedia.org/wiki/Trapiche_%28min%C3%A9raux%29
- http://fr.wikipedia.org
- http://fr.wikipedia.org/wiki/Portail:Sciences
- http://fr.wikipedia.org/w/index.php?title=Roche&oldid=89779953
- http://handbookofgemmology.com/
- http://gemmavie.com/

Autres sources photos et schémas

Schémas "Initiation à la gemmologie" - Lagache :

- Axe optique tourmaline,
- Axe optique topaze,
- Inclusions dans les Verrneuils (zones courbes et bulles cacahouètes),

Schémas "La Gemmologie, notions, principes, concepts" - Payette :

- Monoréfringence, isotropie,
- Biréfringence, anisotropie

Schémas Institut National de Gemmologie

- les schémas de doublet grenat-verre,
- le schéma du doublet émail,
- le schéma du dispositif Verneuil,
- les schémas des 7 systèmes cristallins.
- le schéma de l'astérisme dans un saphir brut,
- le schéma sur la diffraction,
- Axe optique uniaxe,

- le schéma avec les deux courbes pour l'effet alexandrite
- le schéma de la taille brillant moderne et le nom des facettes
- le spectre sommaire du rubis

Inclusions dans un rubis

- PhotoAtlas of Inclusions in Gemstones – Vol.3 – E.J. Gübelin et J.I. Koivula

Inclusions dans un diamant "Tiny dancer"

- The Handbook of Gemmology - Geoffrey M.Domini et Tino Hammid - éd. 2013 D'après Tino Hammid

Taille des pierres

- Lapidaire à Bangkok – D'aprèss Gemm'à Vie

Autres photos Gemm'à Vie

- Polariscope de poche
- Trapiche de brut de rubis et trapiche de saphir cabochon

***

Bibliographie

- "Initiation à la Gemmologie" de Hubert Lagache – Ed. 2001
- "La gemmologie – Notions, principes, concepts" 2ème édition de Francine Payette
- "OPL, A Student's Guide to Spectroscopy" de Colin H.Winter
- "Pouvoirs et magie des pierres précieuses" de L.Tuan-Zachariel et HH.Védrine
- "Cours de gemmologie" de Nora Engel
- "Guide des pierres précieuses" de Walter Schumann
- "Encyclopédie des minéraux" de J. Kourimsky
- "La taille des pierres de couleur pour débutants" de Robert A. Gueljans
- "Cours de gemmologie" de l'ING année 2009
- "Cours de gemmologie" Clémence Jude
- "Colored stones Grading & Pricing" de l'AIGS
- PhotoAtlas of Inclusions in Gemstones – Vol.3 – E.J. Gübelin et J.I. Koivula
- Larousse des Pierres Précieuses – Pierre Bariand/Jean-Paul Poirot – éd. 2004
- "The Handbook of Gemmology" de Geoffrey M.Domini et Tino Hammid - éd. 2013

***

Remerciements

Suzanne de Maissin, Marie-Chantal Plessis, Vincent Leroy, Damien Dubourg, Marie-Caroline Lagache, Catherine Boy, Erik Gontier pour leur aide à la relecture et leurs conseils avisés.

Clémence Jude sans qui ce livre n'aurait jamais vu le jour.

Tous mes amis gemmologues qui m'ont aidée, soutenue et contribué à l'élaboration de ce livre.

***

Table des illustrations

Figure 1 - Inclusions de cristaux d'apatites ou de calcites et d'aiguilles de rutiles dans un rubis de Moghok (grossissement 20X) (D'après - Photo Atlas of Inclusions in Gemstones Vol.3 – E.J. Gübelin et J.I. Koivula)

Figure 2 - Inclusion naturelle dans un diamant formant comme une danseuse ou une jeune fille sautant à la corde (D'après – Tino Hammid – The Handbook of Gemmology éd. 2013)

Figure 3 - Cycle évolution de la dérive des continents depuis la Pangée à notre formation actuelle (D'après - http://www.svt-biologie-premiere.bacdefrancais.net/geologie-lithosphere-tectonique.php)

Figure 4 - carte du monde avec ceinture Himalayenne (D'après - http://houot.alain.pagesperso-orange.fr/Geo/Planis/plannew11.html)

Figure 5 – Lavage des alluvions à la battée et au tamis dans un cours d'eau de la région d'Ilakaka (Madagascar) (D'après - http://www.agence-ana.fr/webgate/index.php ?OFFER=00000017||Le+saphir+malgache%2C+l%27exode+bleu&SEARCHMODE=NEW&TABLIGHTBOX=RESULT&SEARCHSHOWTAB=1)

Figure 6 - Cycle de transformation des roches (D'après - http://upload.wikimedia.org/wikipedia/commons/thumb/3/35/Formation_des_roches.svg/330px-Formation_des_roches.svg.png)

Figure 7 - Roches éruptives ou volcaniques

Figure 8 - Roches métamorphiques

Figure 9 - Représentation de l'atome et ses composants

Figure 10 - Centre de symétrie

Figure 11 - Symétrie en plan miroir

Figure 12 - Axe de symétrie de rotation d'ordre 2 et de rotation d'ordre 4

Figure 13 – Morphologie tridimensionnelle des 7 polyèdres illustrant les 7 systèmes cristallins propre à tous les corps du monde minéral (D'après - http://www.geowiki.fr/index.php?title=Troncatures)

Figure 14 - Représentation tridimensionnelle de cristaux du système cubique et de ses déclinaisons

Figure 15 - Représentation tridimensionnelle d'un cristal du système quadratique

Figure 16 - Représentation tridimensionnelle d'un cristal du système hexagonal

Figure 17 – Représentations tridimensionnelles de cristaux du système rhomboédrique et des différentes formes qu'ils peuvent prendre

Figure 18 – Représentations tridimensionnelles de cristaux du système orthorhombique

Figure 19 – Représentations tridimensionnelles de cristaux du système monoclinique

Figure 20 - Représentation tridimensionnelle de cristal du système triclinique

Figure 21 - Isotropie/anisotropie dans les systèmes cristallins et gemmes amorphes

Figure 22 - Matérialisation de la monoréfringence d'un milieu isotrope (D'après - "La gemmologie – Notions, principes, concepts" 2ème édition de Francine Payette)

Figure 23 - Matérialisation de la biréfringence dans un milieu anisotrope (D'après - "La gemmologie – Notions, principes, concepts" 2ème édition de Francine Payette)

Figure 24 - Les systèmes cristallins : caractères optiques et isotropie/anisotropie

Figure 25 - La biréfringence pour une pierre anisotrope uniaxe telle que la Tourmaline (D'après - Initiation à la gemmologie – Hubert Lagache éd. 2001)

Figure 26 - La biréfringence pour une pierre anisotrope biaxe telle que la Topaze (D'après - Initiation à la Gemmologie – Hubert Lagache éd. 2001)

Figure 27 - Les 4 positions sur le réfractomètre pour toutes pierres anisotropes

Figure 28 - Les outils que le gemmologue peut emporter sur le terrain - outils de base du gemmologue

Figure 29 - Polariscope de poche accompagnée de sa "Maglite" (D'après – Gemm'à Vie)

Figure 30 – position des filtres polarisants du dichroscope : 2 filtres polaroïds analyseurs orientés perpendiculairement et placés côte à côte

Figure 31 - Axe optique pour les gemmes anisotropes uniaxes (d'après – Institut National de Gemmologie)

Figure 32 - Dichroïsme dans la tourmaline verte (anisotrope uniaxe) (D'après - Initiation à la Gemmologie – Hubert Lagache, éd. 2001)

Figure 33 - Trichroïsme dans la Cordiérite (anisotrope biaxe) (D'après - Initiation à la gemmologie – Hubert Lagache, éd. 2001)

Figure 34 - Spectre complet avec longueur d'ondes (D'après – Institut National de Gemmologie)

Figure 35 - Trajet de la lumière blanche avec système dispersif interposé et longueur d'onde croissante

Figure 36 - Exemple de spectre, spectre du rubis et sa lecture (D'après – Institut National de Gemmologie)

Figure 37 - Loupe Dark filled à grossissement X10 et sa Maglite (D'après - http://www.gemstonepress.com/mm5/graphics/00000001/Darkfield Diamond.jpg)

Figure 38 - Principe de la diffusion de Rayleigh de la lumière du Soleil sur la Terre

Figure 39 - Phénomène "d'œil de chat" et quartz œil de tigre (D'après - http://www.elegance-minerale.com/blog/wp-content/uploads/2012/08/oeil-de-tigre.jpg)

Figure 40 – Exemple d'astérisme mis en évidence dans un saphir (D'après - Institut National de Gemmologie)

Figure 41 - Saphirs rouges astériés exposant 6 branches sous lumière particulière (D'après - http://www.elegance-minerale.com/blog/wp-content/uploads/2012/08/saphir-%C3%A9toil%C3%A9.jpg)

Figure 42 – Schéma d'un astérisme à 12 branches dans un saphir

Figure 43 – Effet d'adularescence dans une pierre de lune (Minas Gerais - Brésil) (D'après - Didier Descouens – Wikipédia License Creative Common - http://commons.wikimedia.org/wiki/File:Pierrelune.jpg)

Figure 44 - Phénomène de diffraction de la lumière dans la structure sphéroïdique dans une opale (D'après - Institut National de Gemmologie)

Figure 45 - Effet de labradorescence dans une labradorite de Madagascar (D'après – Gemm'à Vie)

Figure 46 - Aventurines bleues et vertes (D'après - - http://www.aromasud.fr/aventurine-bleue-galets-pierres,fr,4,PR0114-50.cfm)

Figure 47 - Longueur d'onde pour un effet alexandrite (D'après - Institut National de Gemmologie)

Figure 48 - Alexandrite facettée placée sous 2 types d'éclairages différents (D'après - http://www.palagems.com/Images/Bancroft_Russia_Alexandrite/5.25_alexandrite_duo.jpg)

Figure 49 - Structure d'une forme trapiche

Figure 50 – Pierre Trapiche dans un rubis brut et dans un saphir en cabochon (D'après – Gemm'à Vie)

Figure 51 - Phénomène de dispersion

Figure 52 - Procédé Verneuil pour créer des synthèses par fusion sèche (D'après - Institut National de Gemmologie)

Figure 53 - Échantillons de "bouteilles" Synthèse Verneuil (D'après - Gemm'à Vie Juin 2013)

Figure 54 - Inclusions caractéristiques des synthèses : zones courbes, bulles en chapelet ou en forme de cacahouètes (D'après - Initiation à la Gemmologie – Hubert Lagache, éd. 2001)

Figure 55 – Positions possibles d'une plaquette de grenat sur un morceau de verre taillé : Doublet grenat-verre rouge

Figure 56 - Inclusions caractéristiques d'un doublet grenat-verre (D'après - http://www.geminterest.com/imitations.php#doublet)

Figure 57 - Création d'un doublet émail (D'après - Institut National de Gemmologie)

Figure 58 - Doublet corindon fin - corindon synthétique et ses inclusions (D'après http://www.geminterest.com/imitations.php#doublet)

Figure 59 – Composition d'un Triplet d'opale (D'après - http://www.opals.net.au/dbpix/cmspages_left/types2.jpg)

Figure 60 - Topazes bleues irradiées – "Swiss Blue" et" London Blue" (D'après - http://www.catalogue.sterlingpassion.com/images/Collection/loose%20gemstones/blue%20topaz/swiss-blue-topaz.jpg et D'après - http://metaphysicalstones.net/Faceted%20Stones%207%2007/FCT36.jpg)

Figure 61 - Présence d'une chatoyance dans un brut de saphir révélée par une goutte d'eau (D'après - Gemm'à Vie – Chanthaburi déc. 2010)

Figure 62 - Taille moderne du diamant et le nom de ses facettes (D'après – Institut National de Gemmologie)

Figure 63 - réfraction de la lumière dans une taille "brillant" (D'après - Institut National de Gemmologie)

Figure 64 - Observation d'une fenêtre dans un brut de grenat (D'après - Gemm'à Vie - Bangkok 2011)

Figure 65 - Saphirs préformés en cabochon et faisant apparaître une chatoyance (D'après - Gemm'à Vie - Bangkok 2011)

Figure 66 - Pierre facettée devant être polie (D'après - Gemm'à Vie - Bangkok 2011)

Figure 67 - échelle de dureté de Mohs et quelques repères de dureté

Figure 68 - réactions des rayons lumineux dans une pierre selon le polissage et l'éclat

Figure 69 - Tableau périodique des éléments selon Mendeleïev (D'après - sous licence Creative Commons : http://www.science.gouv.fr/fr/a-decouvrir/bdd/res/2420/le-tableau-periodique-des-elements/)

Figure 70 - Exemple de style de taille (D'après - http://cours-gratuits.toutapprendre.com/?cours=decouvrir-la-gemmologie&page=3)

Table des matières

Introduction 5
Mais avant tout, qu'est-ce que la Gemmologie ? 7
    Beauté 8
    Durabilité ou Inaltérabilité... 9
    Rareté 9

Un peu d'Histoire dans l'histoire 17
Qu'est-ce qu'un gisement ? 18
La formation des roches 23
    Les roches éruptives 25
    Les roches sédimentaires 26
    Les roches métamorphiques 27

Les caractéristiques chimiques 28
    Rappel sur l'atome et quelques éléments chimiques 29
    La répartition des minéraux par classes chimiques 30

La couleur des gemmes 31
    Couleur allochromatique 31
    Couleur idiochromatique 31
    Idiochromatique V. Allochromatique 32
    D'autres raisons de la coloration des gemmes 33

Notions de cristallographie 34
    Gemmes amorphes/gemmes cristallisées 34
        Gemmes amorphes 34
        Gemmes cristallisées 35
    Les éléments de symétrie 36

Les 7 systèmes cristallins 39
    Gemmes monocristallines 40
        Le 1er groupe regroupe les cristaux du Système cubique 40
        Le 2ème groupe regroupe tous les autres systèmes cristallographiques... 41
        Le 3ème groupe.. 43

Gemmes microcristallisées 45
Gemmes amorphes 45

Isotropie / Anisotropie 47

L'isotropie 47
L'anisotropie 48
    Gemmes Uniaxes 49
    Gemmes Biaxes 49

La biréfringence 50

Gemmes uniaxes 51
Gemmes biaxes 52
Mesure de la biréfringence sur le réfractomètre 53

Les outils du Gemmologue 53

Loupe 55
Polariscope 56
Réfractomètre 57
Dichroscope 57
    Pléochroïsme et Polychromie 57
    Le dichroscope 60
    Gemmes Uniaxes 61
    Gemmes Biaxes 62
    Réactions au dichroscope 63
Filtre Chelsea 63
    Réactions au Filtre Chelsea 64
Torche électrique 64
Spectroscope 64
Spectre observé et limites 65
"Dark Field" 67

Les Phénomènes optiques 70

Effets lumineux liés à la diffusion 70
    Opalescence 71
    Chatoiement – chatoyance (œil de chat) 71
    Astérisme 72
Effets lumineux liés aux interférences 74
    Adularescence 74
    Diffraction 75
    Labradorescence 75

Effets lumineux liés à la réflexion	76
Aventurescence	76
Effet lumineux liés à la chimie	76
Effet alexandrite	76
Effet Usambara	78
Etoiles particulières	78
Dispersion	79

Les synthéses **80**

Historique	80
Les pierres de synthèses	81
Corindon Synthétique Verneuil	82
Spinelle Synthétique Verneuil	84
Les pierres synthétiques	85
Les imitations	85
Les doublets	86
Les doublets grenat-verre	86
Les doublets émail	88
Les doublets corindon fin-corindon synthétique	89
Les doublets ou triplets d'opale	90
Les synthèses du diamant	91
CVD (Chemical Vapor Deposition)	91

Les traitements **92**

Qu'est-ce qu'un traitement ?	93
Traitements par apport de matière	93
Huilage et résinage	94
Apports d'éléments chimiques	94
Traitements sans apport de matière	95
Chauffage	96
Irradiation	97
Détection de ces traitements	99
Traitement du diamant	99
Traitement HPHT	99
Remplissage des fractures	100
Traitement au laser	100
Traitement par enrobage	100
Traitement par graphitation	101
Certaines pierres ne supportent pas le chauffage	101

Le verre **101**

Le verre naturel 101
Le verre artificiel 102
Méthodes d'identification 103

La Taille des pierres **105**

Choix du brut 105
Les différents types de taille 106
Les angles de taille selon les pierres 108
Techniques de taille 110

Clivage, cassure et dureté **112**

Clivage – Plans de clivage 112
Cassure 113
Dureté 113

Le marché des pierres **114**

Le diamant 116
    Classification – Codification du diamant 116
    Nuancier du diamant 117
    Identification des inclusions 117
Les pierres de couleurs 117
    Classification – codification des pierres de couleurs 117
    Identification des inclusions des pierres de couleur 118
    Identification des pierres de couleur 118
Le Marché des pierres 119

* * * * *
* * *
*

www.ingramcontent.com/pod-product-compliance
Lightning Source LLC
Chambersburg PA
CBHW040903180526
45159CB00010BA/2911